PG

皮革创意手工染与设计

PIGE CHUANGYI SHOUGONGRAN YU SHEJI

袁燕 著

中国纺织出版社有限公司

内 容 提 要

本书系统地论述了皮革手工染色的方法，注重创意。首先认识皮革材料，着重介绍适合皮革手工染色的植鞣革、皮革手工染色的色彩知识、适合皮革染色的各种染料及工具，以及皮革染色常规技法。其次分别介绍皮革手工扎染、夹染、卷染、蜡染、糊染和型版印染的工艺和技法。最后总结皮革手工创意染色的特点与灵感挖掘，通过箱包、皮鞋、腰带、首饰等产品设计案例，从材料的角度讲述产品的创意设计。

图书在版编目（CIP）数据

皮革创意手工染与设计 / 袁燕著. -- 北京：中国纺织出版社有限公司，2024.3

ISBN 978-7-5229-1279-0

Ⅰ. ①皮… Ⅱ. ①袁… Ⅲ. ①染色（毛皮）②皮革制品—设计 Ⅳ. ①TS544 ②TS56

中国国家版本馆 CIP 数据核字（2023）第 253585 号

责任编辑：王安琪　责任校对：高　涵　责任印制：王艳丽

中国纺织出版社有限公司出版发行
地址：北京市朝阳区百子湾东里 A407 号楼　邮政编码：100124
销售电话：010—67004422　传真：010—87155801
http：//www.c-textilep.com
中国纺织出版社天猫旗舰店
官方微博 http：//weibo.com/2119887771
天津千鹤文化传播有限公司印刷　各地新华书店经销
2024 年 3 月第 1 版第 1 次印刷
开本：710 × 1000　1/16　印张：9.75
字数：135 千字　定价：98.00 元

皮革材料既是古老的又是年轻的，它是人类从远古时代沿用至今的一种材料，它的使用面甚广，在日常生活中到处都能见到它的身影。当今社会是一个快速发展的社会，快节奏、物质化充斥着我们的生活，人们感觉时间转瞬即逝，由此产生内心的空虚。人们感受不到时间从生活划过的痕迹，因此渴望更有温度的生活。人们迷恋手工，一双手工鞋、一个手工布偶、一件手工毛衣、一只手工茶盏……人们迷恋手工制作，或者手工制作的物品，这背后是双手造物的感受，以及手工制作带给人们的温暖，这样的物品更具有灵气。

在这样的情感需求下，无论是自己动手做皮革染色，还是提供个性的定制化产品服务都具有独特的魅力，既因为它独一无二、不可复制，也因为它极具创造性。

皮革染色工艺在大多数中国人的认知里还是相对陌生的，作为农耕民族的后代，我们更习惯使用纺织材料。为了让大家更好地了解相关知识，本书从材料这一基础展开，和大家一起认识皮革材料、各种皮革染料及染色所需的色彩知识，并介绍手工染色的工具和材料。在一开始就将皮革手工染色的操作流程提炼出来，为读者构建一个完整的框架。然后按照操作流程的步骤详细地介绍，并配有大量的图片作为文字的补充，方便读者学习和操作。读者在书中可学习和了解到各种皮革手工染色工艺，以及各种视觉效果的皮革材料。本书不拘泥于染色皮革材料的平面视觉效果，注重创意，在空间上打破平面二维界限，大胆尝试多种手法、多种材料，勇于创新。

让大家“照着葫芦画瓢”不是撰写本书的目的，如何让创作者能够有创意地思考和动手制作皮革染色作品是本书的编写目的。在学习和了解皮革手工染色的基础知识后，本书在最后章节中总结手工皮革染色的特点和应用范畴。以学生作品为案例，总结手工皮革创意染色的灵感挖掘。同时，将创意设计的视野拓展到产品设计领域，以最为直观的方式——设计案例，分类介绍皮革手工创意染色的设计应用。

本书从理论到实践，从认识到掌握，重点强调实用性操作。本书源于笔者的教学经验和与业界的广泛交流，是实践的提炼。在国内相关研究较少，笔者抛砖引玉，期待更多的专业人士共同在这一领域探讨和研究。本书遵循深入简出、言简意赅的原则，以易读、易学、易动手为目标。由于笔者水平有限，加之时间仓促，书中难免有疏漏和不足之处，恳请专家与读者指正。

袁燕

2023 年 7 月

目录
CONTENTS

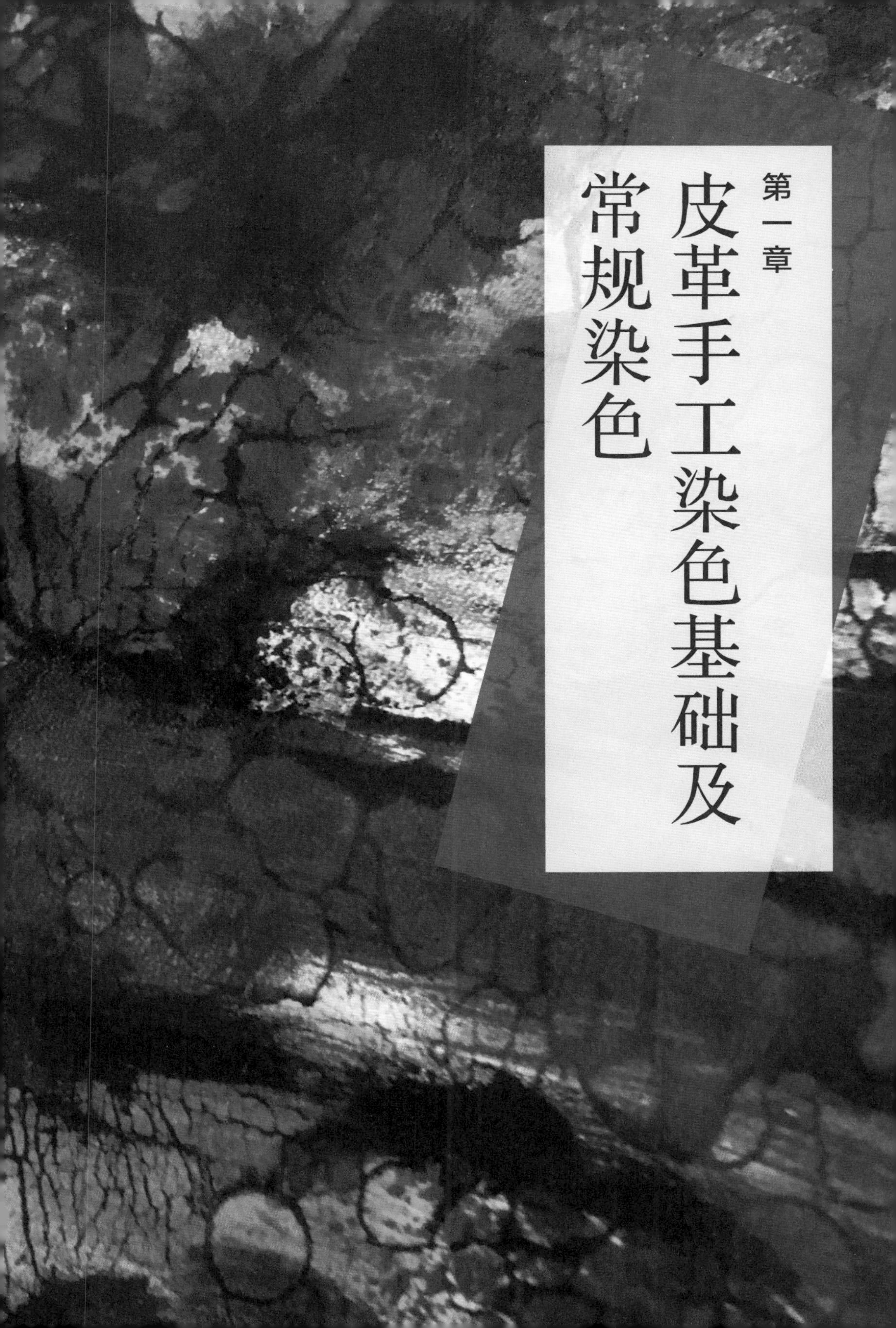

第一章 皮革手工染色基础及常规染色

第一节　认识皮革材料

皮革是人类最早获得的材料之一，兼具结实、韧性、柔软的特性，是生产生活中理想的材料。相传黄帝时期，臣子于则就“用革造扉、用皮造履”，我们的祖先早已将皮革作为原材料加工制作成服装及其他用品。从动物身上获得的“皮”是“原生皮”，“原生皮”需要经过复杂的加工程序才能成为日常生产生活中使用的“皮革”，其中最为重要的一个程序是“鞣制”工艺，其好坏很大程度上决定了皮革质量的高低（图1–1–1）。按照“鞣制”方法可分为植鞣革、铬鞣革、铝鞣革、油鞣革及铬植结合鞣革。除此之外，我们在生活中常按照动物种类将皮革分为牛皮、羊皮、猪皮、马皮、稀有皮革（包括蛇皮、鳄鱼皮、蜥蜴皮、鸵鸟皮）等。❶

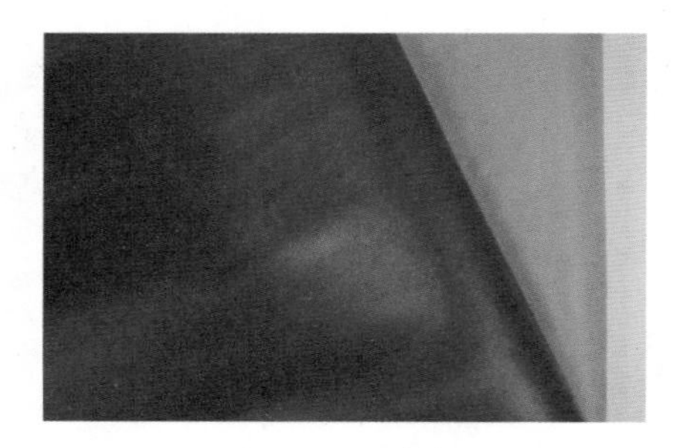

图1–1–1　皮料

一、天然皮革的种类

（一）按“鞣制”方法分类

1. 植鞣革

植鞣革又称树羔皮，是使用植物鞣料（从植物中萃取的丹宁、植物多酚）鞣制的皮革。这是一种传统且古老的鞣制方法，由不同植物萃取出的植物鞣剂（丹宁酸液）和动物皮革发生反应鞣制而成，工序繁琐，鞣制一张皮革，快则1~2个月，慢则3~6个月。植鞣革具有以下特点：外部皮面平整，内部皮革纤维组织紧实，延展性小，吸水后有良好的塑形性；皮面手感挺括、丰满、有弹性；吸水后容易变软（因具有吸水性），便于手工染色。随着制作完成的时间延长，植鞣革的颜色会发生自然的变化，逐步变得深邃。经过染色、上油与干燥的植鞣革在适度的保养下可以维持皮革的柔韧与品质。

手作皮具中常见有原色植鞣革和染色植鞣革两种。植鞣革非常环保，材料本身

❶《中华人民共和国野生动物保护法》总则第六条规定：禁止违法猎捕、运输、交易野生动物。——出版者注

不含对人体有害的物质，可与皮肤直接接触，因此适合制作成各种与人体皮肤直接接触的产品，如皮包、皮带、皮鞋等。

（1）原色植鞣革

原色植鞣革的色彩呈淡淡的米黄色，伸缩性小，吸水后会变软，干燥后又会变硬，具有可塑性强，易塑形的特点（图1-1-2）。原色植鞣革的颜色会随着使用时间的延长，从浅肉色逐渐变成褐色，俗称植鞣革养色。养色的效果因皮革产地、鞣制手法、使用频率以及保养方式而有所差异，这正是植鞣革的魅力所在。原色植鞣革适合手作二次染色，关于皮革染色工艺在后面章节中有详细介绍。

图1-1-2　原色植鞣革

（2）染色植鞣革

染色植鞣革在原色植鞣革的基础上进行水染，使其上色均匀。如图1-1-3、图1-1-4所示，染色植鞣革分为不透染植鞣革、透染植鞣革。染色植鞣革皮具同样可以养色，而且可以因不同制作工艺而产生非常多的皮面效果，如油蜡皮、雾蜡皮等。

图1-1-3　不透染植鞣革

图1-1-4　透染植鞣革

（3）漂色植鞣革

漂色植鞣革表面呈现淡淡的米白色，通过漂洗工序溶解植鞣革表面的鞣质聚合物，使鞣质的颜色变浅、革面颜色变淡（图1-1-5）。漂洗同时起到进一步退鞣的作用，防止发生反楞和裂面问题。

（4）半植鞣革

半植鞣革是同时使用铬鞣和植鞣鞣制的

图1-1-5　漂色植鞣革

皮革，因此它同时具有两种皮革材料的特性（图1-1-6）。

图1-1-6 半植鞣革

2. 铬鞣革

铬鞣革是指用铬盐作为鞣剂鞣制的皮革，如图1-1-7所示。近代化工发展产生的三价铬鞣制，将皮胚浸泡在调好色的三价铬中3~7天即可完成。市面上绝大部分商品包袋使用的都是铬鞣革，其特点是色彩艳丽、延展性好，生产快速，成本较低。铬鞣的皮面效果也有很多，比如压花（图1-1-8，如模仿稀有皮纹理，见图1-1-9）、印花、漆面皮等。

图1-1-7 铬鞣革图

图1-1-8 皮革压花

图1-1-9 模仿稀有皮革

3. 铝鞣革

铝鞣革是使用硫酸铝鞣制而成的皮革，因其洁白的外观特性又被称作“白湿皮”，质地柔软且粒面紧密细腻，但因水洗后退鞣会变得扁薄、板硬，故较少单独使用。

除此以外还有植铝结合鞣法，即先用植物鞣剂，后用铝鞣剂，鞣制废液无毒且易絮凝处理，可以代替铬鞣法。使用植铝结合鞣法制成的皮革质地丰满，成型性好，用途广泛，常用于生产鞋面革、家具革、箱包革、包袋革、服装革、手套革等。

4. 油鞣革

油鞣革是使用油脂鞣制而成的皮革，常用富含不饱和脂肪酸的海产动物进行鞣制。这也是最古老的皮革鞣制工艺，鞣制所需的时间较长。

除此以外还有醛油结合鞣法，即先用甲醛或改性戊二醛对裸皮进行预鞣，后用鱼油鞣制的方法。这种鞣制法比起纯油鞣的加工时间短，制成的皮革抗张力强度较高，柔软度、吸水性、弹性较小。

5. 铬植结合鞣革

铬植结合鞣革的鞣制法丰富多样，包括先铬后植、先植后铬、铬植同时、铬植交替。其中先铬后植的方法因其操作简便、效果明显而得到广泛应用。根据所用铬鞣与植鞣的比重可分为重铬轻植与轻植重铬。铬植结合鞣制的皮革丰满结实，耐热耐磨，制作的鞋面革成型性好，便于打磨和压花，出裁率高。

（二）按动物种类分类

1. 牛皮

牛皮是最常使用的皮料，如图1-1-10所示，其特点是结实，面积大，革面毛孔细小，呈圆形，分布均匀且紧密，皮面光亮平滑，质地丰满、细腻，外观平坦、柔润，质地坚实而富有弹性。如用力挤压皮面，则有细小的褶皱出现。牛皮可分为黄牛皮、水牛皮、牦牛皮等。

图1-1-10　牛皮

（1）黄牛皮

黄牛皮因为各个部位牛皮差异较小，所以其利用度较高。其特点是表皮层薄，毛孔小而密，粒面细致，各部位厚度较均匀，部位差异小，张幅大而厚实，强度好，制革时可剖成数层，利用率高。因其具有调节温湿度和透气性好的特点，适合被加工制作成各类皮革。

（2）水牛皮

水牛皮表面粗糙、纤维粗松，强度较黄牛皮低，其他性能与黄牛皮接近。水牛皮在牛皮中的档次排名最低，因为整张面积很大，皮又厚又重，所以常被用来制造沙发、床垫等产品。

（3）牦牛皮

牦牛皮的不同部位厚度差异大，颈、肩部最厚，且褶皱很深，背、臀部厚度次之，腹部皮较薄。一般而言，牦牛皮伤痕较多，皮的纤维组织较黄牛皮疏松，但比水牛皮紧密。

（4）疯马皮

疯马皮是真正的头层牛皮，采用进口头层黄牛皮胚加工而成，只用最好的第一层皮，保留了天然牛皮的特性，耐刮、耐用。疯马皮带油感（蜡感），属于中高档皮，用途广，表面凌乱无序，手感的“真皮感”较强，拈起来可呈现底色的变色效果，展现出粗犷且独特的特点。

2.羊皮

羊皮的毛孔花纹十分美观，呈月牙状且周围有大量的细绒毛孔。羊皮比牛皮柔软、细腻，毛孔细小，无规则地均匀分布，皮革组织松软，透气性强，皮板轻薄，皮纹细腻，手感柔软光滑，色泽好。因其细腻的材质更容易被染色，是我们生活中常见的染色皮革，其中常用的是山羊皮和绵羊皮。

（1）山羊皮

山羊皮的结构密实，拉力强度比较好，皮表层较厚，比较耐磨。山羊皮毛孔呈瓦状，表面细致、纤维紧密，有大量呈半圆形排列的细绒毛孔，手感较紧，常用于制作皮包和服饰（图1-1-11）。

（2）绵羊皮

绵羊皮质地柔软，延伸性强，手感软而滑爽，皮纹理呈粒面状，平整、细致、强度较小。绵羊皮的毛孔清晰、细小，呈扁圆形，几根毛孔成一组排成长列，分布均匀（图1-1-12）。

图1-1-11　山羊皮

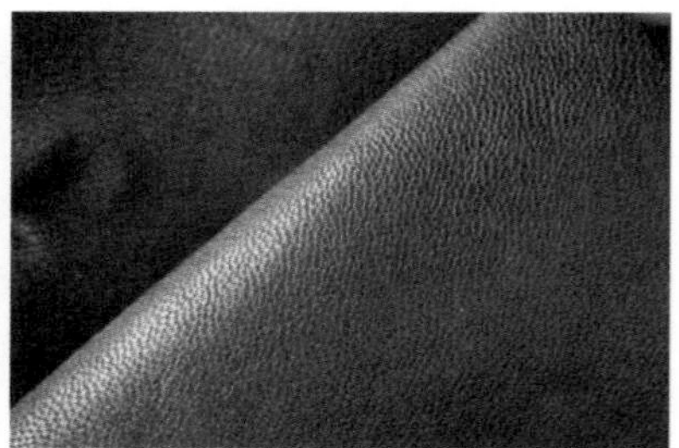
图1-1-12　绵羊皮

3.猪皮

猪皮的皮纹粗糙，表面毛孔圆而粗大，呈“品”字形排列。猪皮纤维组织紧密、丰满，强度与牛皮相近。其制成品结实耐用，但美观性较差。另外，猪皮的表面不规则，厚薄不均匀，光滑细致程度不一（图1-1-13、图1-1-14）。在20世纪30年代，有棱角的猪皮箱式手包是搭配正式装束的经典配件。现如今猪皮革通常被用来制作压花皮或反绒产品（手工匠人会用其做内里皮料）。

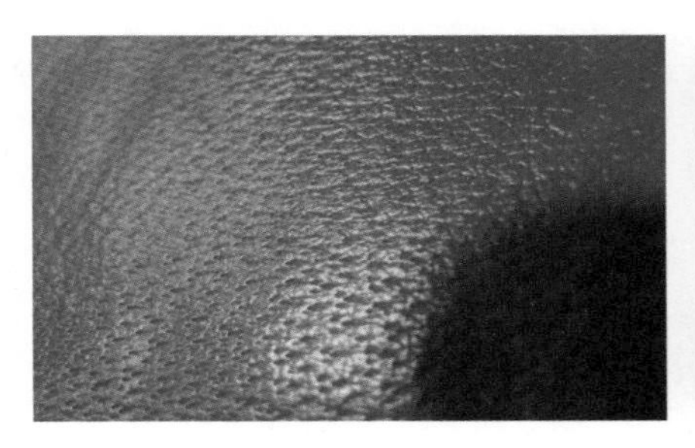

图1-1-13　猪皮正面

图1-1-14　猪皮背面

4.马皮

根据部位特征，马皮以头部到脊背线的四分之三处为界线分为前身和后身两部分。马皮前身薄而柔软，皮革表面颗粒细平，常用于制作鞋面、箱包和棒球等。马皮后身厚而紧密，常用于制作防水鞋面革、底革等。

在马皮臀部两侧各有一块质感上等的部位，质地特别紧密，皮面几乎无汗毛孔。马臀皮由单一的纤维构成，纹理细致，富有弹性，具有不容易留下伤痕的特点。革面细腻的马臀皮在灯下会反光，制作的成品也非常漂亮，极具奢华感，常被用于制作高级定制奢侈品，价格不菲。左右两片臀部连在一起呈眼镜形的马臀皮更是极为少见。

5.稀有皮革

稀有皮革一般泛指除牛皮、羊皮、猪皮、马皮以外的全部皮革，代表性皮革有蛇皮、鳄鱼皮、蜥蜴皮、鸵鸟皮。

（1）蛇皮

蛇皮的皮质较薄，强度较低，一般用于装饰或制作成腰带、表带或者钱包的贴面，也可用于制作鞋面和皮具。其中蟒蛇皮的花纹清晰艳丽、图案独特，鳞尖顶端与整体分离、可翻起，这个天然特性让仿制品永远无法被完美复制。哑光的蟒蛇皮柔软、富有弹性，带给人美妙的触觉感受。亮光的蟒蛇皮光滑硬挺，逆抚时略带刺感，更具野性风情。

（2）鳄鱼皮

鳄鱼皮有不易弯曲变形的特殊角质层，所以制成手感优良的皮革并非易事。而且鳄鱼发育缓慢，养殖3~5年才可转化为产品进行加工利用，使得饲养管理成本进一步增加。其皮革后续加工步骤细致复杂，且品牌包袋通常需要多张鳄鱼皮完成制作。鳄鱼皮中最好的部位是腹部，价格是背面的百倍，以奢华、稀有而著名，堪称皮革中的铂金。鳄鱼皮皮质硬挺，不易受损，纯天然的纹理让每件皮具都独一无二。随着使用时间延长，鳄鱼皮的光泽不但不会消失，反而历久弥新。

（3）蜥蜴皮

蜥蜴皮品种多样且具有不同的粒面特征，因其爬行动物的生物特性，在生存中腹部等部位极易接触地面的砂石等硬质物体，极难获得完美皮张。蜥蜴皮具有光亮、平滑的天然独特纹路，皮面质地紧密、硬挺，耐用性极强。

（4）鸵鸟皮

鸵鸟皮的张幅较大，比鳄鱼皮柔软，拉力是牛皮的3~5倍，具有柔软、质轻、透气性好、耐磨的特性。天然退化的毛孔形成铆钉状突起，图案和形状十分独特，人工难以仿造。而且皮质中含有一种天然油脂，能抵御龟裂、变硬和干燥，永久保持柔软和坚牢，所以也是名贵优质的皮革之一。

二、皮料的其他知识

（一）“皮面层”与“肉面层”

“皮面层”是动物身体表面的皮面，反面即“肉面层”，又被称为皮革的“正、背面”。在使用时通常将“皮面层”向外，“肉面层”向内，因为“肉面层”有毛纤维组织，触感较差，在制作过程中通常会贴里布、里皮或者做打磨处理，使之呈现平滑的状态（图1-1-15、图1-1-16）。

图1-1-15　正面“皮面层”

图1-1-16　背面“肉面层”

（二）头层皮与二层皮

头层皮由各种动物的原皮直接加工而成，或对皮层较厚的动物皮（牛皮、猪皮、马皮等）脱毛后横切成上下两层，上层纤维组织严密，被加工成各种头层皮；下层纤维组织较为疏松，经化学材料喷涂或覆上聚氯乙烯（PVC）、聚氨酯（PU）薄膜加工成二层皮。

观察皮的纵切面纤维密度可以有效区分头层皮和二层皮。头层皮由又密又薄的纤维层以及与其紧密连接、质地稍疏松的过渡层共同组成，具有良好的强度、弹性和工艺可塑性（图1-1-17）。二层皮只有疏松的纤维组织层，在喷涂化工原料或抛光后才能用来制作皮具产品，它保持着一定的自然弹性和工艺可塑性，但强度较差，其厚度要求同头层皮一样（图1-1-18）。

图1-1-17　头层皮革

图1-1-18　二层覆膜皮革

（三）皮革的挑选与购买

1. 位置

以最常用的牛皮为例，牛皮部位具体分为臀部、背部、肩部、颈部、腹部、腿部，皮革质地也因部位不同而有差异。

臀部皮：此部分组织紧密，通常被认为是一张牛皮上最好的地方。

背部皮：整张皮的主要组成部分，组织稳定，皮质较细腻。

肩部皮：组织疏松且经常有皱褶，此部分不如背部皮质量好。

颈部皮：类似肩部皮，但通常更加松软，有更多皱褶，生长纹更多。

腹部皮：组织结构不如其他部位，易延伸变形且内部疏松，基本上是整张皮中最差的部分。

腿部皮：组织疏松且面积较小，属于次要部位，生产张幅较小的原料皮时，会割除腿部皮。

2. 厚度

皮料厚度根据使用需求可被人为加工成多种规格，许多皮料厂家都有提供削皮厚度的服务。手作皮具通常使用的皮革厚度有：0.6~1.2mm适合用作内贴或者制作软包；1.3~1.5mm适合用作小包或偏软的大包；1.6~2.0mm适合用作硬体大包；2.5~4.0mm适合用作皮带或者皮雕工艺（图1-1-19）。

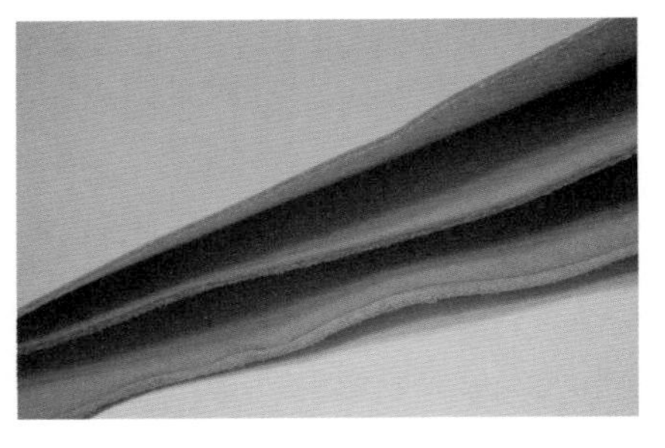

图1-1-19　不同厚度的皮革

3. 计量单位

购置皮革的计量方式通常有面积和重量两种标准。

面积：我国大陆地区经常使用的单位是平方英尺（也叫大才），港台地区经常使用的单位是平方港尺（小才）。其中：

1平方英尺＝30cm×30cm，1平方港尺＝25cm×25cm

日本等国家通常以DS为皮革单位，1DS ＝ 10cm×10cm

重量：欧美等地通常将重量（盎司）作为皮革单位，具体按不同厚度和皮质来确定每盎司的价格；我国大陆地区有些边角碎皮常按重量来销售。

（四）适合染色的皮料

皮革手工染色需选择表面未经加工的原色植鞣革，这一类型的植鞣革油脂含量相对较少、吸水性佳、原色淡，可以获得均匀且美观的染色效果。市场中也有一种“蜡染植鞣牛革”，这种皮革比一般的原色植鞣革要白，具有优良的染色效果。另外还有一种“白牛革”，它是使用合成鞣剂制成的纯白色皮料，染色效果更佳。人为加工和制造方式对皮料的染色难易度影响很大，若皮革在前期鞣制时已吸饱油脂，或者皮革表面经过覆膜处理，则很难上色。由于适合染色的皮革易受污染，所以在保存和使用时不可过度碰触和涂抹过多黏合剂。

（五）皮革、皮具的保存与保养

保存天然皮革时，需要将皮革的皮面层（正面）向内卷起，避免阳光直射，且放在通风处。若长时间保存，需用干燥的纸张包裹皮革，常用白色雪梨纸，尽量避免使用报纸或者沾有墨迹或已被印刷的纸张，以免造成皮革污染。

收纳皮具时，内要填充撑型，外要包裹防潮，放在阴凉、干燥处。保养时不需要使用化学溶剂、酒精或者普通皮肤保养液，这些都会毁掉蛋白质表面的光色或造成褪色，对皮具产生伤害。应当使用专业皮革护理剂（如貂油等），蘸少许轻轻擦拭直至皮具完全吸收（翻毛皮除外）。皮具并不容易脏，平时只需软布擦去浮尘即可，若淋雨只能用干软布擦拭，对于带鳞片的稀有皮需要顺着鳞片方向擦拭，勿用吹风机，忌风吹日晒（图1-1-20）。

（a）软布擦拭

（b）马鬃刷蘸取貂油

（c）画圈擦匀

图1-1-20　皮具保养

第二节　皮革手工染色

目前市场上有各式已染色的皮革材料销售，但是手工皮革染色仍因其独特的魅力让人乐此不疲，这是一个将艺术与科技相结合的过程，一个富有创意创作的过程，一个乐趣无穷的过程。在进行皮革手工染色之前需要了解和学习基础知识：认识皮料（第一节已讲述），皮革手工染色一般选择原色植鞣革；结合色彩基础知识与皮革染料知识进行染色实践，可以得到缤纷且独特的肌理效果，如图1-2-1所示。

图1-2-1　皮革蜡染作品

一、色彩基础知识

色彩是由光的作用产生的视觉现象，可见光照射在物体上，然后通过物体的折射到达人的眼中而获得感知。光是产生色彩的源头，色彩是眼睛对光的感受。

（一）标准色与三原色

1.标准色

太阳光的光谱由红、橙、黄、绿、青、蓝、紫七色组成，也有人提出光由红、橙、黄、绿、蓝、紫六色组成。七色和六色光谱观点，在色彩学中尚无定论。色彩学上将色差最为明显的红、橙、黄、绿、蓝、紫六色称为“标准色”。

2.三原色

色彩中不可分解的颜色称为“原色”，色光的三原色是红、绿、蓝，颜料的三原色是红、黄、蓝。色光的三原色可以混合出所有色彩，达到一定的强度相混合时可得到白光，强度均为零相混合时可以得到黑色（黑暗）。颜料中的三原色可以调配出其他任何色彩，如图1-2-2所示。

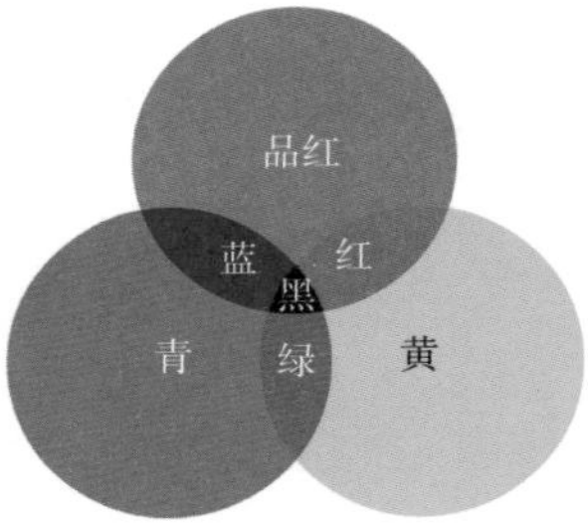

图1-2-2　三原色

（二）间色与复色

1.间色

两种原色混合的颜色称为间色，颜料的间色只有三种：红＋黄＝橙；红＋蓝＝紫；蓝＋黄＝绿。

2.复色

颜料的两种间色或一种原色和对应的间色相混合得到复色，例如，红＋绿＋黄、蓝＋紫＋橙，复色中包含原有的原色，原色与间色的比例不同，从而形成的不同的灰调，如图1-2-3所示。

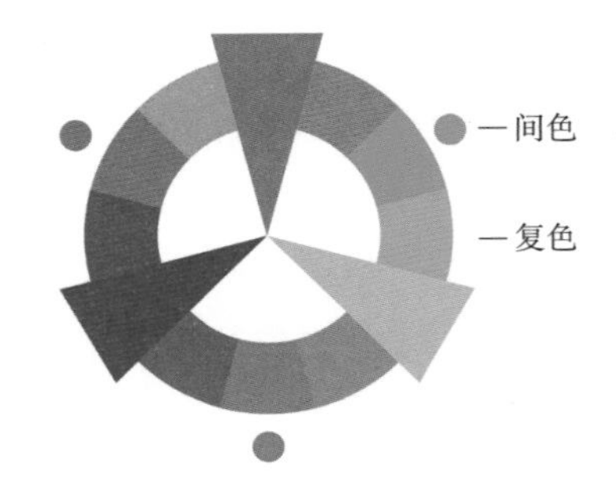

图1-2-3　间色、复色

（三）无彩色与有彩色

1. 无彩色

黑、白、灰称为无彩色，它们本身没有色彩倾向，灰是由黑与白混合出来的色彩，如图1-2-4所示。

 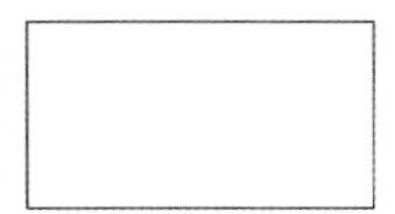 

图1-2-4　无彩色

2. 有彩色

有彩色是可见光谱上所有色（红、橙、黄、绿、蓝、紫）相互混合调配得到的色彩，以及它们与无彩色系中黑、白、灰调配得到的各种色彩。

（四）色彩的三要素

色彩三要素是色相、明度与纯度，这是构成色彩关系的三个基本因素，众多色彩原理都是三者之间演变而来的关系。

1. 色相

色彩的样貌称为色相，是区分色彩的主要依据。人的视觉感受到红、橙、黄、绿、蓝、紫不同特征的色彩，用特定的名称称呼这些色彩，当我们称呼这些色彩时就会有一个特定的色彩印象，例如，大红——红中偏橙、玫红——红中偏紫、深红——红中偏黑，虽然这些色彩的色相不同，但都属于“红色系”，如图1-2-5所示。

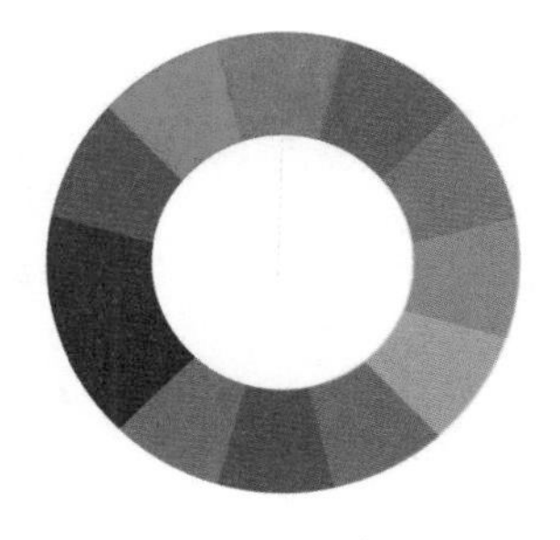

图1-2-5　12色相环

2. 明度

色彩的深浅和明暗程度称为明度。在无彩色系中，明度最高的是白色，最低的是黑色，中间存在一个从明到暗的灰色色阶。自然界中不存在纯粹的黑与白，黑、白、灰都是相对而言的。任何一种色彩加黑或者加白都会有深浅的变化，称为明度的变化，其色相无变化，如图1-2-6所示。

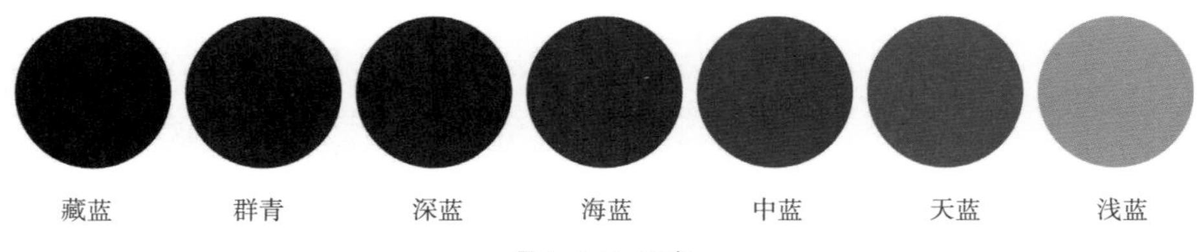

图1-2-6　明度

3. 纯度

纯度又称为饱和度，主要指色彩的鲜艳程度，即颜色中所含彩色的成分比例的多少。在可见光谱中的色相，任何一种纯色都是纯度最高的，也是色彩的饱和度最高的，如图1-2-7所示。

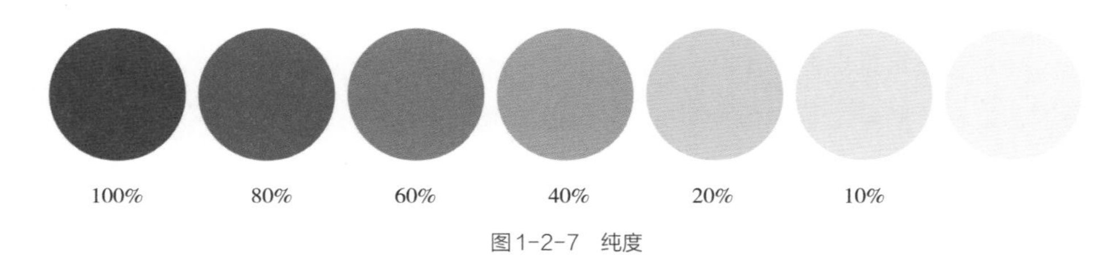

图1-2-7　纯度

（五）冷色与暖色

色彩的冷暖出于人们的生理感觉和感情联想，例如，红、黄、橙等颜色让人联想到太阳、火焰等，故称为暖色；蓝色等让人联想到海水、冰雪等，故称为冷色。

（六）色彩的配色与调和

1. 同一色配色与调和

同一色指的是在同一个色相中的颜色，同一色配色将色彩的明暗、深浅变化产生的新色彩予以搭配。例如，红色系中，色彩由暗红、深红、大红、粉红等组成一个色系，这种色系之间的颜色搭配比较容易与妥当，但是也容易产生平淡和缺乏活力的感觉。

2. 类似色配色与调和

类似色指的是在色环中相邻的颜色，彼此拥有一部分共同的色素，因此类似色在色彩搭配上比较容易调和。类似色的搭配比较生动活泼，色阶清楚，例如，黄+橙、蓝绿+蓝等。类似色搭配比较注重各种类似色的饱和度，发挥共同色素的调和作用。

3. 对比色配色与调和

对比色指的是在色环上的180°处于直径两端的色彩，对比色之间的色彩搭配如同“冰与火”，对比强烈，极难调和，例如，红+绿、黄+紫、蓝+橙等。对比色常用的调和方法有：降低一方的明度与纯度，或者在面积上一大一小等。对比色调和配色给人的感觉明朗活泼、富于变化。

4. 多色配色与调和

多个颜色之间的搭配想要达到比较好的效果不太容易，常用方法是以某一种色彩为主，其他色彩为辅，形成一种秩序的美感，否则容易杂乱无章。搭配得好的多色配色方案，在视觉上给人丰富多彩、充实的感受。

5. 无彩色与有彩色配色与调和

无彩色属于中性色，不偏向于任何色彩特征，是个性不强的色彩，有极强的包容性，因此常在色彩搭配中起到调和的作用，与任何色彩搭配都容易产生效果，在色彩搭配中具有不可忽视的作用。

（七）色彩的配色与调和

1. 基色

基色是皮革材料的底色，皮革手工染色时常用米黄色基色的原色植鞣革。在染色的过程中，可以将基色作为染色整体效果的一部分保留下来，也可以完全覆盖掉。

2. 单色与多色

在皮革手工染色中，选择一种颜色进行手工染色称为单色染色，选择两种及以上颜色染色称为多色染色。多色染色需要色彩的搭配设计，相同的色彩选取会因为搭配方式的差异，使呈现的视觉效果大相径庭。

3.主色与辅色

在手工皮革染色中，需要根据设计所需设置色彩间的主次关系。一般来说，主色的纯度高、面积比较大，处于视觉中心的部位；辅色的作用是衬托主色，所占面积较小。主色与辅色结合形成基本色调，二者既有对比又有调和，相辅相成。常用的手法有：①明暗衬托：主色是明亮的色彩，辅色选择暗色衬托主色，反之亦可；②冷暖衬托：主色选择暖色调，辅色选择冷色调衬托主色，反之亦可；③灰艳衬托：主色选择纯度高的鲜亮色彩，辅色选择纯度低的灰调，反之亦可；④简繁衬托：单纯的底色搭配小、碎的其他色彩，如黑色的底色上搭配亮色小点。

4.点缀色

点缀色是对主色与辅色的补充，一般面积较小，具有醒目活跃的特点，通常起到“画龙点睛”的作用。

手工皮革染色中基色、主色、辅色和点缀色相互对比、相互依存，在实际运用中灵活多变，色彩的搭配不拘一格。

二、皮革染料

皮革手工染色一般选择低温型染料，皮革专用染料有酒精染料、油性染料、盐基染料。

（一）酒精染料

酒精染料属于酸性染料，因含酒精成分而得名，学名为“金属络合染料”，如图1-2-8所示。酒精染料形态呈液体水状，是一种比较环保的染料。优点是易上色，易涂匀，具有良好的渗透性，适合做透染；缺点是饱和度低，固色性差，易变色。酒精染料是水溶性染料，其颜色可以相互调和产生新的色彩，或者兑水调浅。

图1-2-8　酒精染料

小贴士：在使用酒精染料调色时，尽可能使用同一品牌的染料相互调色。

（二）油性染料

皮革专用油性染料同样属于酸性染料，常见形态有膏状和液体两种，如图1-2-9、图1-2-10所示。它是一种可以用溶剂溶解的染料，其结构有别于有机染料和其他传统染料，颜色丰富，色彩饱和度高，容易上色，但不易涂匀。油性染料具有较高的光泽度和透亮感，染色后的持久度好。皮革专用油性染料一般用专业稀释剂稀释，油性染料可以互相调色，但不易调匀（尤其是膏状形态的油性染料）。它不溶于水，不可与水混合，适合表层染色，不适合做透染。

图1-2-9　油性染料（膏体）

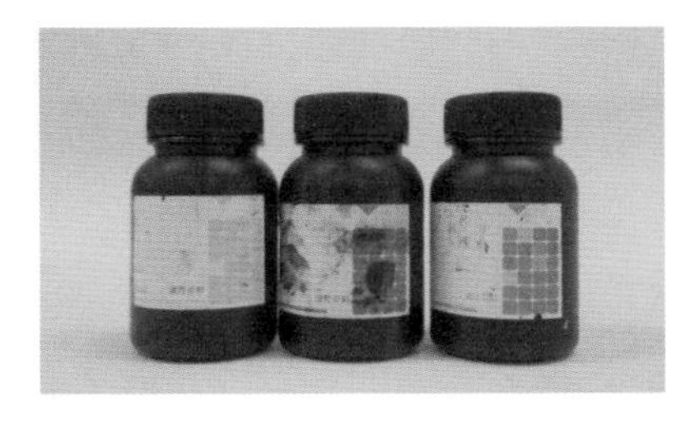
图1-2-10　油性染料（液体）

（三）盐基染料

盐基染料是一种碱性染料，它色谱齐全，色彩鲜艳，饱和度高，有非常好的色彩表现力。盐基染料形态呈液体水状，可溶于水，但溶解性不好，需要以酒精和有机酸为助溶剂，如图1-2-11所示。盐基染料之间可自由混色调和，它的渗透性差，适合表面着色（此处酸性染料和碱性染料是生物学中的碱性和酸性，并不是根据pH值来定义的）。

图1-2-11　盐基染料

三、染色基础工具

（一）染色前准备工具

1.容器

透明玻璃杯、白色瓷盘、碟和一次性塑料杯、碗、盘等，主要用于盛放染料和水，并作为调和染料时的容器（图1-2-12、图1-2-13）。

图1-2-12　玻璃杯

图1-2-13　瓷盘

2. 橡胶手套

橡胶手套用于保护制作者的手不被染料染色（图1-2-14）。

3. 高密度吸水海绵

高密度吸水海绵用于打湿皮革或者大面积涂抹颜料（图1-2-15）。

图1-2-14　橡胶手套

图1-2-15　高密度吸水海绵

（二）染色工具

1. 羊毛球刷

羊毛球刷是涂抹、刷匀染料的工具，由柔软的羊毛制作而成，吸水效果好。常用于皮革染色，能够快速地染色且染色效果均匀（图1-2-16）。

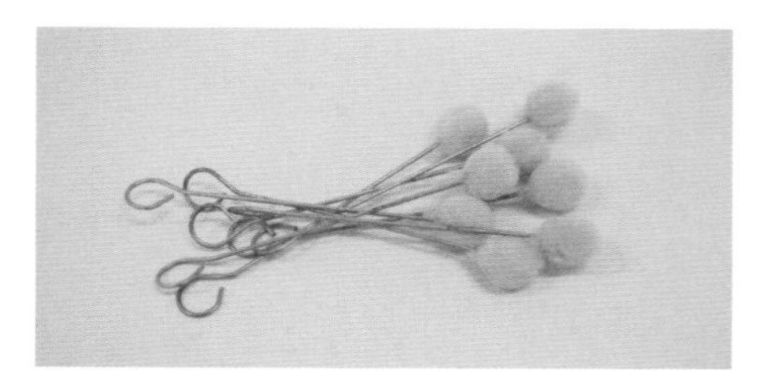

图1-2-16　羊毛球刷

2. 羊毛排刷

羊毛排刷主要用于大面积染色，柔软且吸水性好，可以实现快速上色（图1-2-17）。

3.棉签

棉签主要用于小细节部分的染色，在染色过程中总有一些细节部分是羊毛球刷和羊毛排刷无法染到的，此处可用棉签补填染色（图1-2-18）。

图1-2-17 羊毛排刷

图1-2-18 棉签

（三）打磨、保养工具及其他用品

1.粗帆布

粗帆布主要用于皮料表面的去浮色和抛光，一般选择日常生活中常用的24安本白色帆布材料（图1-2-19）。

2.细白棉布

细白棉布用于染色后去除皮料表面的浮色，也可用于皮革表面抛光（图1-2-20）。

3.马鬃刷

马鬃刷是由马尾毛制成的刷子，主要用于上油保养，在不伤皮面的同时能使皮面平整（图1-2-21）。

图1-2-19 粗帆布

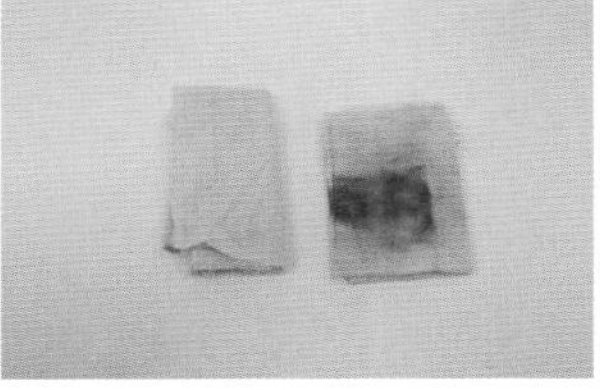

图1-2-20 细白棉布

图1-2-21 马鬃刷

4.牛角油

纯天然牛角油呈淡黄色，使用时涂抹在皮革材料上，可以软化皮革，补充皮革的油分以达到提升皮面柔软度的效果（图1-2-22）。

5. 貂油

貂油是从动物身上提取的天然油脂，它的主要作用是滋润皮革，保养皮面。其渗透性好，扩散性好，无刺激，易于被皮料吸收，可以滋养皮料、软化皮质、防止干裂、光亮除霉。貂油是皮革制品的保护神，尤其适合日常保养（图1-2-23）。

图1-2-22　牛角油

图1-2-23　貂油

（四）后整理材料

1. 皮革亮光剂

皮革亮光剂状态呈水性，有亮光和哑光两种类型，在一定程度上可以达到防染效果（图1-2-24）。

2. 固色剂

固色剂用于锁住皮革上染的色彩，使其不易褪色，且起到防水、防脏的作用（图1-2-25、图1-2-26）。

图1-2-24　皮革亮光剂

图1-2-25　固色剂一

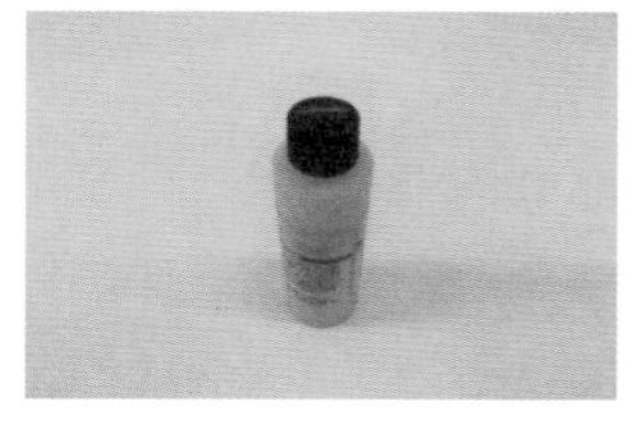

图1-2-26　固色剂二

3. 皮革硬化剂

皮革硬化剂是一种水溶性的硬性填充树脂。其构成粒子细小，有非常优良的渗透性。使用时刷于皮革背面的肉面层，可以多次涂刷以达到硬化效果（图1-2-27、图1-2-28）。

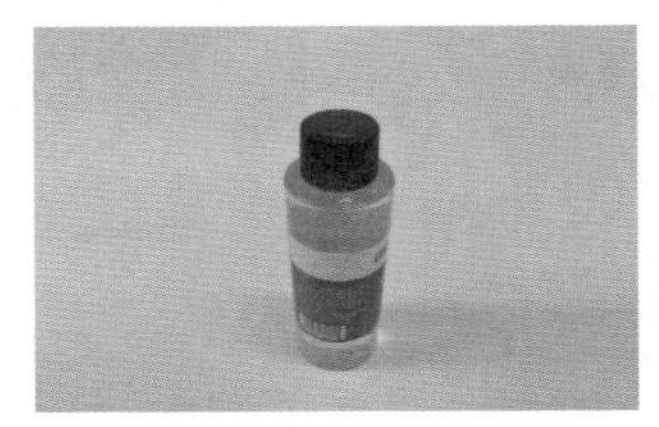

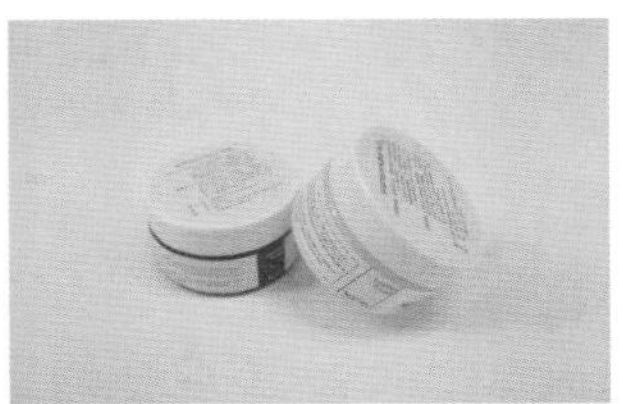

图1-2-27　皮革硬化剂一　　图1-2-28　皮革硬化剂二

第三节　皮革手工染色常规工艺技法

皮革染色是一项趣味十足的工艺，尝试动手给皮革染上自己喜欢的颜色是一种很棒的体验。在此介绍两种常见染色方法：单色染色法和复色（渐变）染色法。这两种方法是初学者入门需要掌握的方法。单色染色法是指使用单一色相染料的染色方法，要求染色均匀；复色（渐变）染色法是指使用两种及以上色相染料的染色方法，可以做渐变染色。按染料的种类可分为酒精染料法和油性染料法两种染色方法。

一、酒精染料法染色材料与工具

手工染色所用的皮革通常是原色植鞣革，而市面上的染料种类众多，这里选用可自由混色的酒精染料。酒精染料的使用方法较简单，对初学者来说相对容易学习。另外，还需准备白盘、高密度吸水海绵、玻璃杯、羊毛球刷、羊毛排刷、橡胶手套、棉签、粗帆布、细白棉布、马鬃刷、貂油、牛角油、固色剂等工具，如图1-3-1所示。

图1-3-1　酒精染料法染色工具

二、酒精染料使用与调配

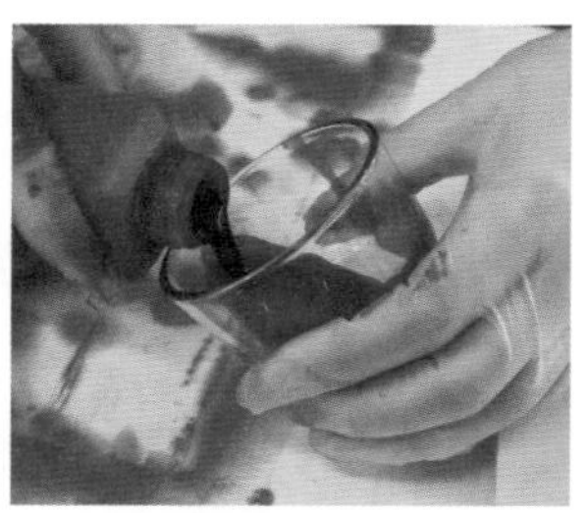

图1-3-2　直接使用酒精染料

酒精染料既可以直接使用，也可以调配使用，在使用的过程中为了达到均匀的效果，常会多次重复染色，重复染的次数越多，颜色越深。

（一）直接使用酒精染料

将染料倒入玻璃杯中，用羊毛球刷搅拌，混合均匀备用（图1-3-2）。图1-3-3为重复多次染色与简单少次染色效果对比。左侧为重复多次染色，颜色较深，右侧为简单少次染色，颜色较浅。

图1-3-3　重复多次染色与简单少次染色效果对比

（二）调配使用酒精染料

将染料倒入玻璃杯中，可以加入水稀释使染料颜色变浅，或者混合其他颜色的染料调配，用羊毛球刷搅匀备用。

1.稀释酒精染料

如图1-3-4所示，首先将蓝色的酒精染料倒入玻璃杯中备用，随后缓缓倒入水稀释染料，倒入的水越多，染色效果越淡。

小贴士：在调试稀释酒精染料时，可以少量多次加水，直至将酒精染料调配至理想效果。

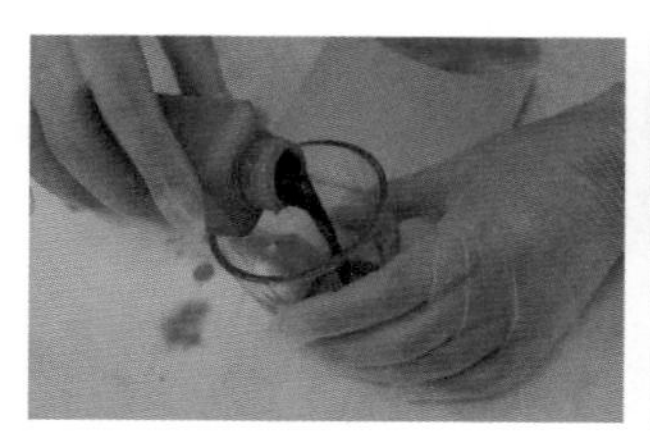

图1-3-4　酒精染料稀释过程

如图1-3-5所示，为稀释染料染色与未稀释染料染色效果对比，左侧为稀释后的染料染色，右侧为未稀释的染料染色。

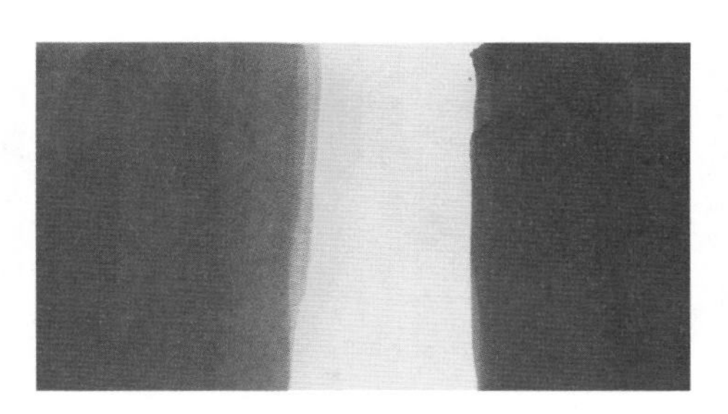

图1-3-5　染色效果对比

2.混合调配酒精染料

（1）黄色与蓝色的混合

准备好蓝色与黄色染料，首先将蓝色染料倒入碟中，然后在蓝色染料里加入黄色染料，用羊毛球刷搅拌均匀，最后混合得到绿色染料，然后进行皮革染色（图1-3-6）。

图1-3-6　黄蓝色调和

（2）红色与黄色的混合

准备好红色与黄色染料，首先将红色染料倒入碟中，然后在红色染料里加入黄色染料，用羊毛球刷搅拌均匀，最后混合得到红棕色，然后进行皮革染色（图1-3-7）。

（3）红色与蓝色的混合

准备好红色与蓝色染料，首先将蓝色染料倒入碟中，然后在蓝色染料里加入红色染料，用羊毛球刷搅拌均匀，最后混合得到紫色，然后进行皮革染色（图1-3-8）。

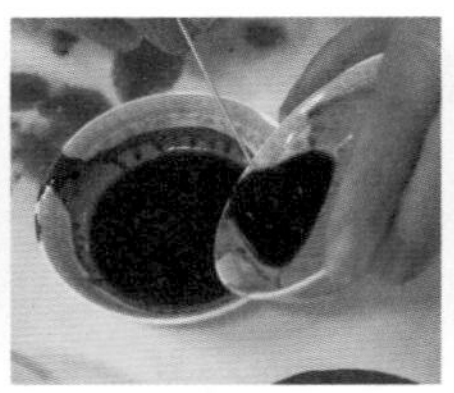

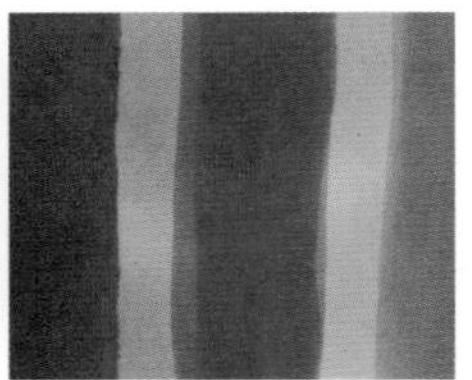

图1-3-7　红黄色调和

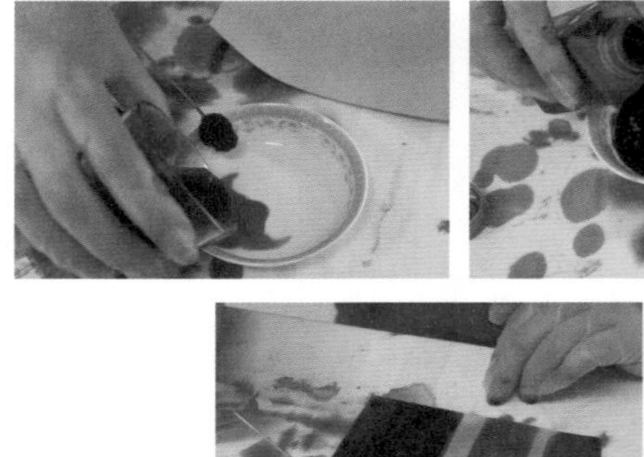

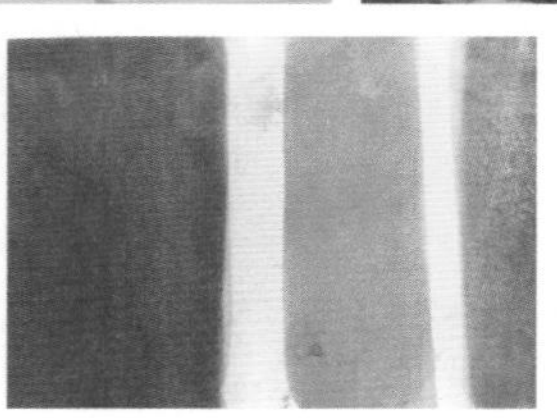

图1-3-8　红蓝色调和

（4）红色与黑色的混合

准备好红色与黑色染料，首先将红色染料倒入碟中，然后在红色染料里加入黑色染料，用羊毛球刷搅拌均匀，得到暗红色，降低红色的亮度，最后混合得到有红色倾向的浊色，然后进行皮革染色（图1-3-9）。

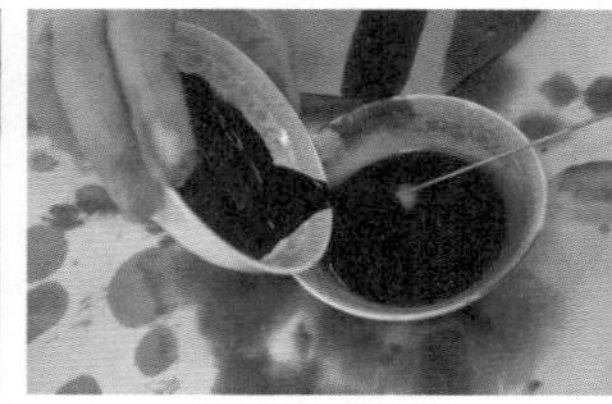

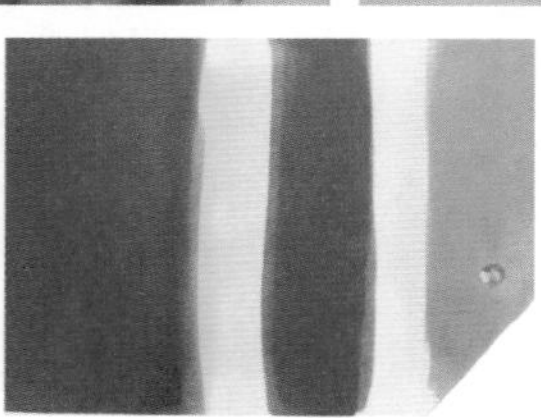

图1-3-9　红黑色调和

三、常规染色方法基本步骤

（一）单色染色法

（1）调配颜色

将酒精染料倒入玻璃杯中，可以加水稀释使染料颜色变浅，或者混合其他色相的颜色进行调配，用羊毛球刷搅拌均匀备用。

（2）打湿皮革

用湿润的高密度吸水海绵擦拭皮革材料表面，将革料正面均匀润湿，为下一步上色做准备（图1-3-10）。

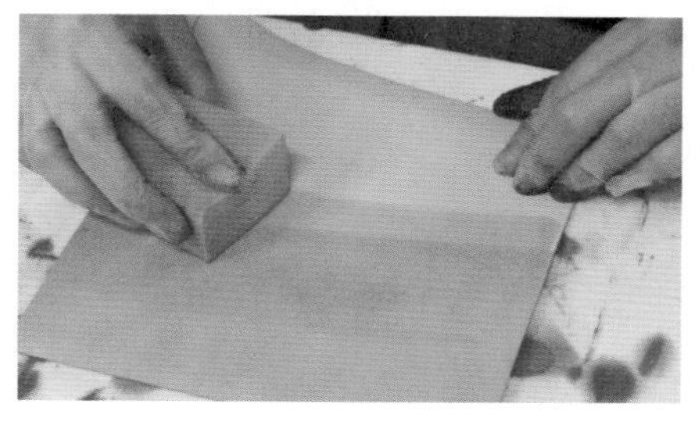

图1-3-10 打湿皮革

皮革打湿法与皮革浸湿法都在皮革加工时使用，主要区别在于处理皮革的方式和效果不同。

1）皮革打湿法：皮革打湿法是一种使用高密度吸水海绵、羊毛球刷等手工工具将皮革表层打湿、拉伸、整形的方法（图1-3-11）。这种方法可以使皮革变得柔软、富有弹性和延展性，并且可以调整皮革的形状。

2）皮革浸湿法：皮革浸湿法是一种将皮革完全浸泡在水中，直到完全饱和的方法（图1-3-12）。这种方法可以使皮革变得软化、柔韧，并且可以更容易地进行染色或者其他表面处理。

图1-3-11 皮革打湿法

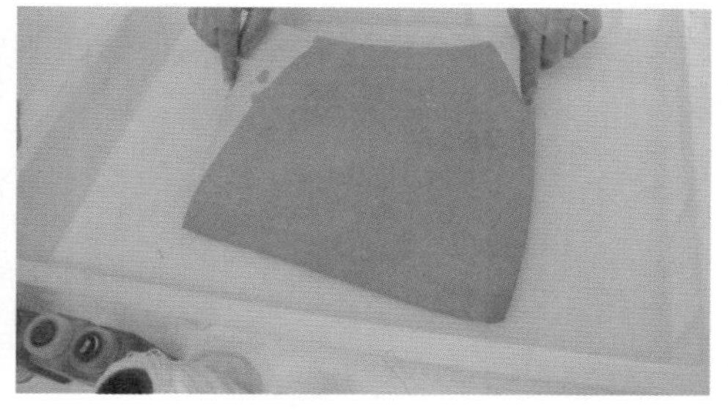

图1-3-12 皮革浸湿法

（3）上色

打湿皮革后，将调配好的染料涂抹在原色植鞣革的正面（皮面层），用羊毛球刷蘸取染料，以画圈的方式在皮革材料表面进行染色，反复多次上色直至染色均匀

（图1-3-13）。

（4）补色

可以在皮革材料正面、背面、边缘补充染色，防止在制作完成后露出皮革原色（图1-3-14）。

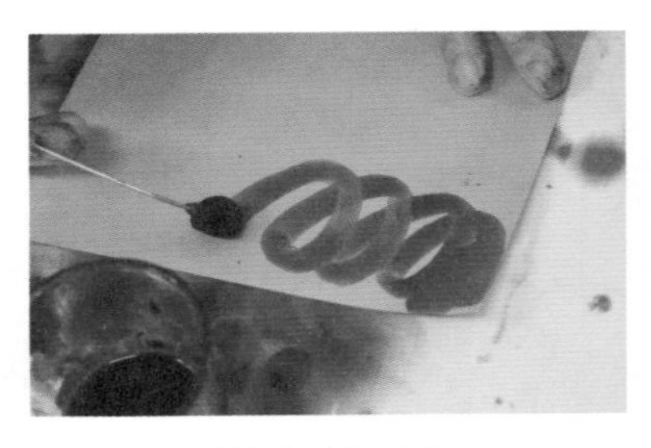

图1-3-13 上色

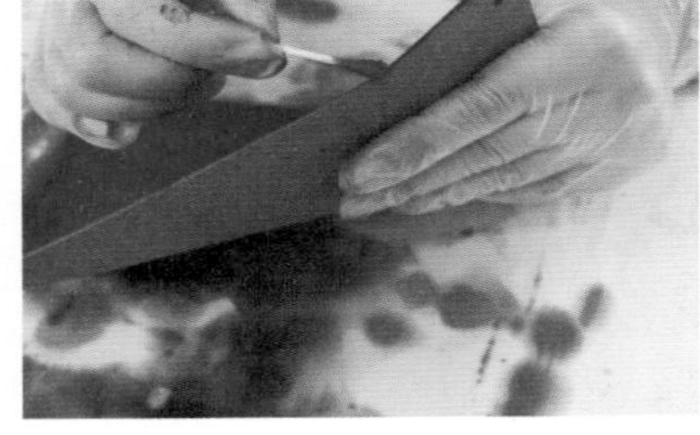

图1-3-14 补色

（5）抛光

待皮料干透后，用粗帆布、细白棉布擦拭表面浮色，并进行抛光（图1-3-15）。

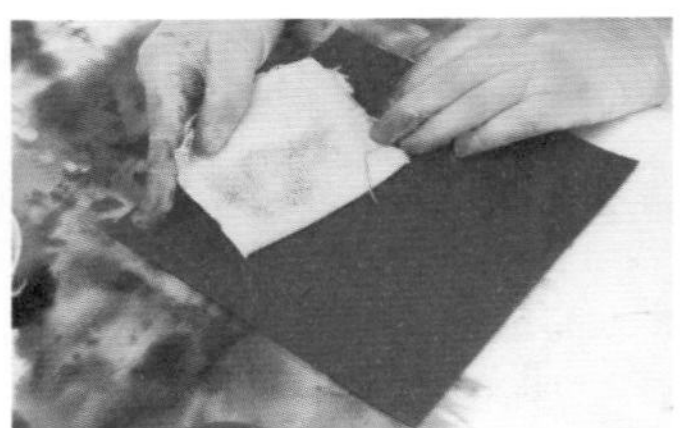

图1-3-15 抛光

（6）保养

①用羊毛球刷蘸取固色剂，以画圈的方式涂在皮革表面。然后用帆布蘸取牛角油擦拭皮革表面，使其更加细腻、有光泽（图1-3-16）。

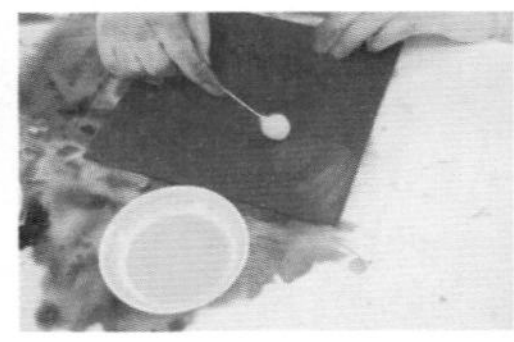

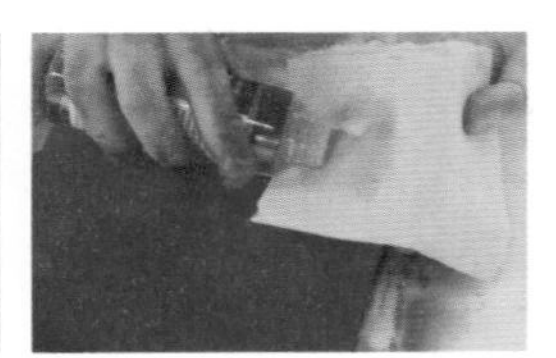

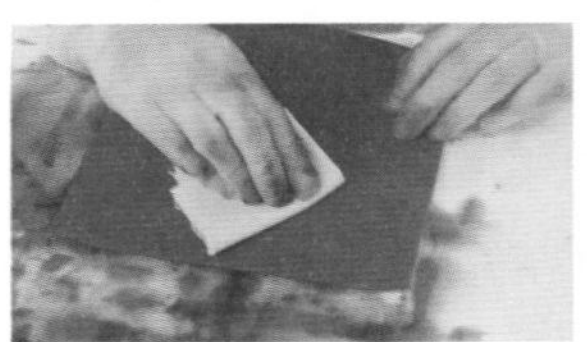

图1-3-16 保养方法一

②用马鬃刷蘸取貂油涂刷在皮革表面，使其更加细腻、有光泽（图1-3-17）。

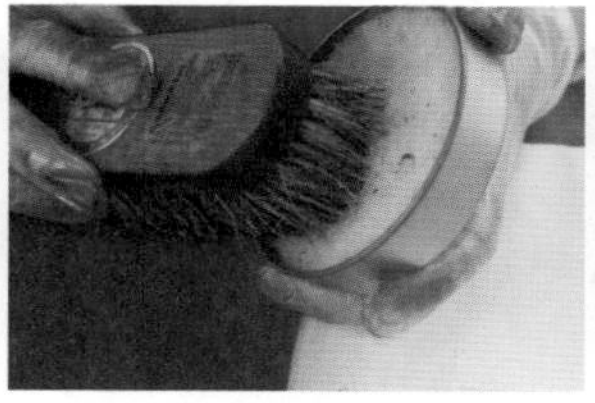
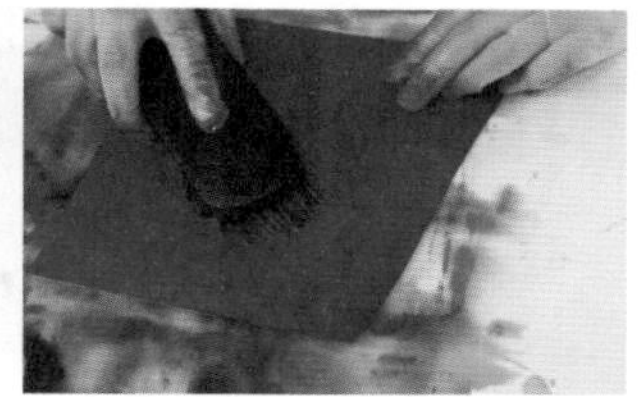

图1-3-17　保养方法二

（7）最终成品展示（图1-3-18）

图1-3-18　最终成品展示

（二）渐变染色法

1.单色渐变染色法

（1）调配颜色

将酒精染料倒入玻璃杯中，为了使渐变效果更好，需要进行稀释，本次示范选择蓝色染料（可根据个人喜好决定）（图1-3-19）。

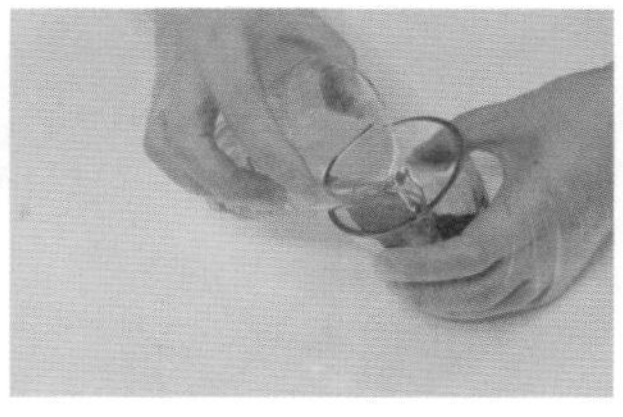

图1-3-19　调配颜色

（2）打湿皮革

用湿润的高密度吸水海绵擦拭皮革材料表面，将革料正面均匀润湿，为下一步上色做准备（图1-3-20）。

图1-3-20 打湿皮革

（3）上色

方法一：用羊毛球刷蘸取染料，以画圈的方式进行染色，在渐变的地方用海绵轻轻擦拭，从皮革的一端开始颜色从浅入深、不断重复，直至达到染色均匀的效果（图1-3-21）。

图1-3-21 上色方法一

方法二：用羊毛球刷蘸取染料，以画圈的方式进行染色，在渐变的地方用海绵轻轻擦拭，从皮革的中间开始颜色从深入浅、不断重复，直至达到染色均匀的效果（图1-3-22）。

图1-3-22　上色方法二

2.复色渐变染色法

（1）调配颜色

将酒精染料倒入玻璃杯中，为取得更好的效果，需加水稀释使染料颜色变浅，或者混合其他色相的颜色进行调配，用羊毛球刷搅拌均匀备用。

（2）打湿皮革

用湿润的高密度吸水海绵擦拭皮革材料表面，将革料正面均匀润湿，为下一步上色做准备（图1-3-23）。

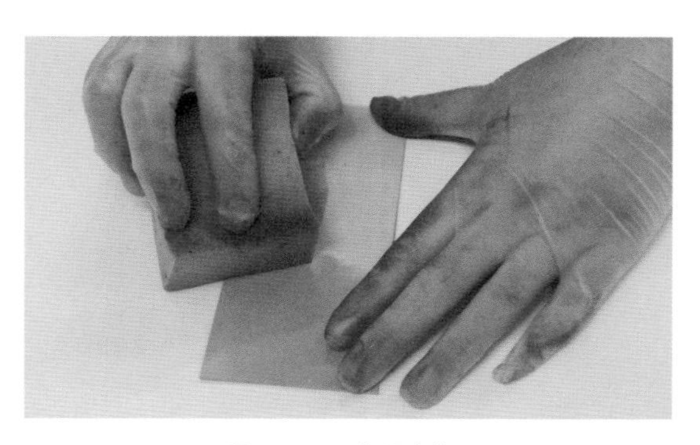

图1-3-23　打湿皮革

（3）上色

打湿皮革后，将调配好的染料涂抹在原色植鞣革的正面（皮面层），用羊毛球刷蘸取染料，从两端开始以画圈的方式进行染色，在渐变的地方用海绵轻轻擦拭，单色色相的颜色从浅入深、不断重复、依次上色，直至达到染色均匀的效果（图1-3-24）。

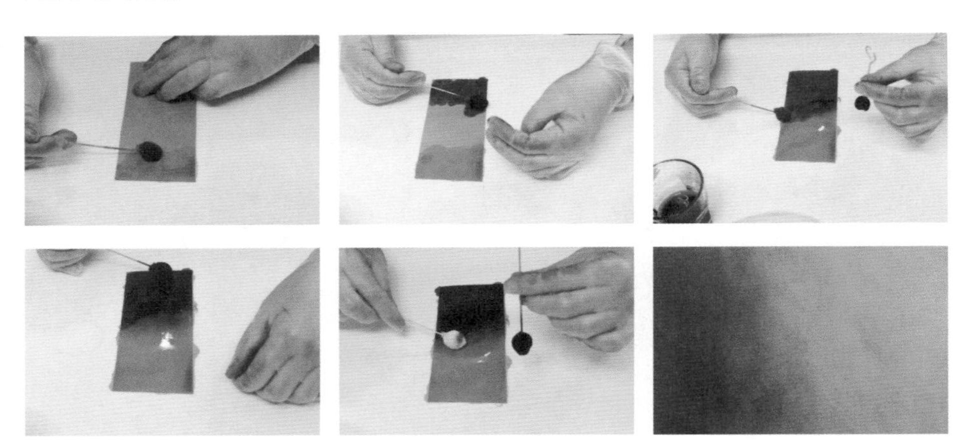

图1-3-24 上色

3.使用复色渐变染色法制作产品

（1）调配颜色

将酒精染料倒入玻璃杯中，可以加水稀释使染料颜色变浅，或者混合其他色相的颜色进行调配，用羊毛球刷搅拌均匀备用，本次示范选用黄色和蓝色染料（可根据个人喜好决定）。

（2）打湿皮革

用湿润的高密度吸水海绵擦拭皮革材料表面，将革料正面均匀润湿，为下一步上色做准备。

（3）上色

打湿皮革后将调配好的染料涂抹在原色植鞣革的正面（皮面层），用羊毛球刷蘸取染料，交替绘制黄、蓝色条纹直至涂满整个皮面，在两色交叠的地方使用海绵轻轻擦拭使色彩柔和过渡，直至染色均匀。

四、油性染料

（一）油性染料试色

1. 案例一：液体状油性染料

（1）调配颜色

将液体状油性染料倒入瓷碟中，无需稀释，直接用羊毛球刷蘸取染料。

（2）上色

将液体状油性染料涂抹在原色植鞣革的正面（皮面层），皮革材料无需打湿可直接上色，用羊毛球刷蘸取染料，以画圈的方式在皮革材料表面进行染色，反复多次上色直至染色均匀（图1-3-25）。

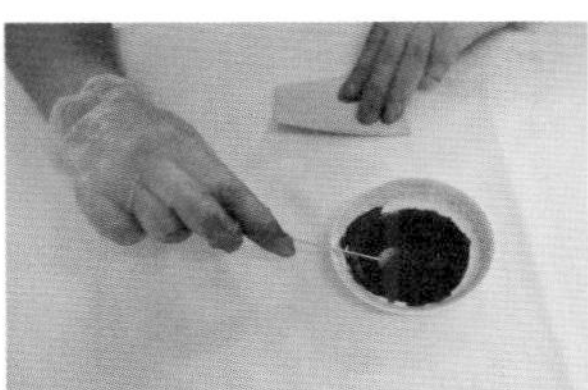
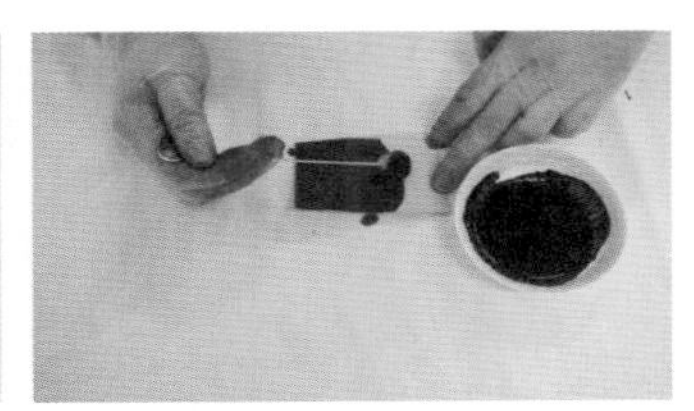
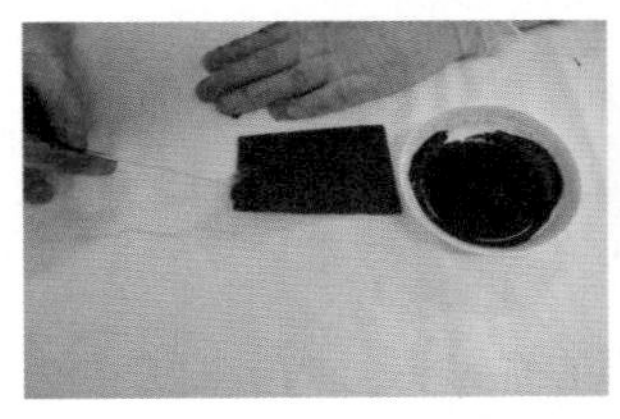
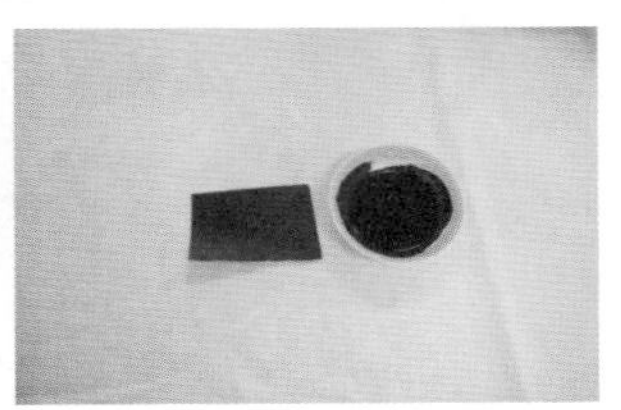

图1-3-25　液体状油性染料上色过程

2. 案例二：膏状油性染料

（1）调配颜色

将膏状油性染料用干净的羊毛球刷蘸取入瓷碟中，同液体状油性染料一样无须稀释。

（2）上色

将膏状油性染料涂抹在原色植鞣革的正面（皮面层），皮革材料无须打湿可直接上色，用羊毛球刷蘸取染料，以涂抹的方式在皮革材料表面进行染色，反复多次上色直至染色均匀。如图1-3-26所示可见不同色相的膏状油性染料之间可以做出清晰分明的边界线。

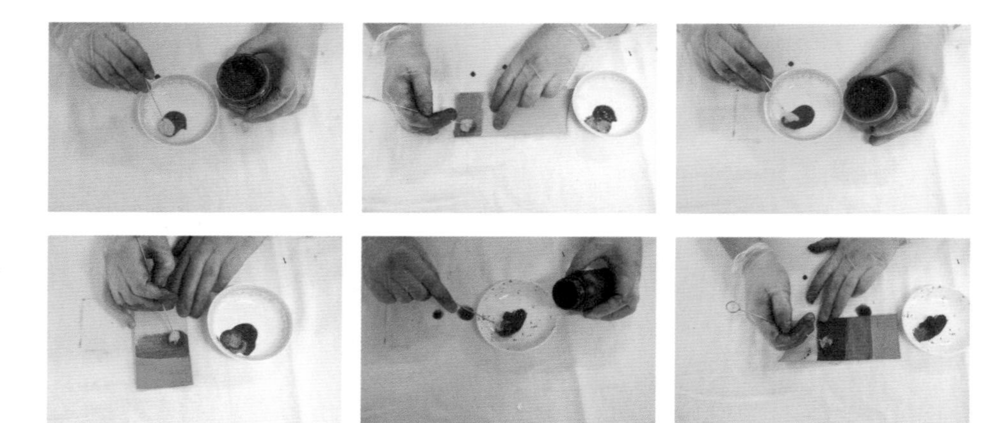

图1-3-26 膏状油性染料上色过程

（二）使用油性染料制作名片夹

1.油性染料常规染色

（1）制版与裁片

首先使用锥子根据名片夹制版纸样在皮革材料上划出轮廓线，再使用美工刀沿着轮廓线取出裁片，直线部分可搭配铁尺辅助裁切（图1-3-27）。

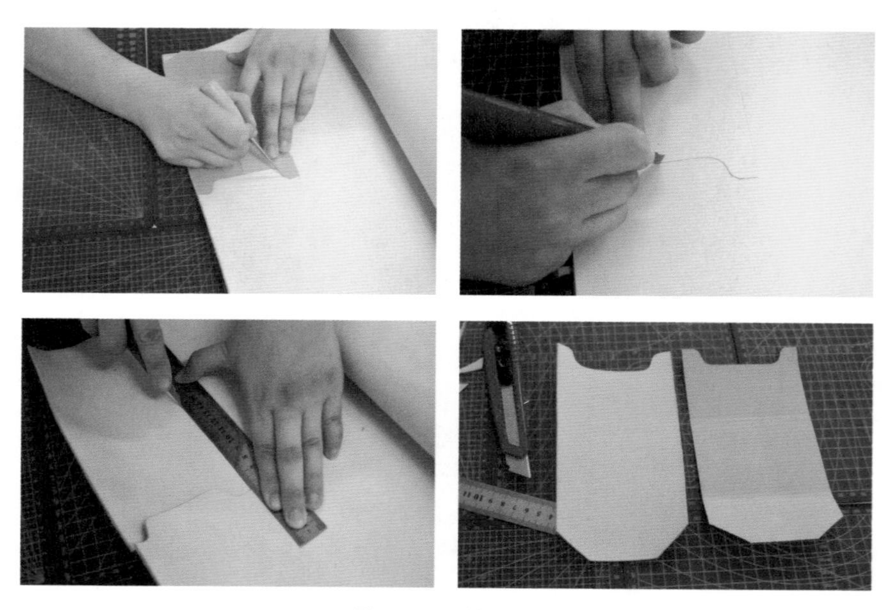

图1-3-27 制版、裁片

（2）上色

将膏状油性染料用干净的羊毛球刷蘸取入瓷碟中，本次示范选择红棕色染料（可根据个人喜好决定）。将膏状油性染料涂抹在原色植鞣革的正面（皮面层），皮革材料无须打湿可直接上色，用羊毛球刷蘸取染料，以涂抹的方式在皮革材料表面进行染色，反复多次上色直至染色均匀。可以在皮革材料正面、背面、边缘处补充染色，防止制作完成后露出皮革原色（图1-3-28）。

图1-3-28　上色过程

2.油性染料擦色

（1）调配颜色

将膏状油性染料用干净的羊毛球刷蘸取入瓷碟中，本次示范选择黄色、黑色染料（可根据个人喜好决定）。

（2）上色

将膏状油性染料涂抹在原色植鞣革的正面（皮面层），皮革材料无须打湿可直接上色，用羊毛球刷蘸取染料，以涂抹的方式在皮革材料表面进行染色，反复多次上色直至染色均匀。可以在皮革材料正面、背面、边缘处补充染色，防止制作完成后露出皮革原色。

（3）擦色

用粗帆布擦拭表面浮色的黄色染料，再另取一块帆布蘸取黑色染料，少量多次在皮革裁片边缘擦拭上色，运用打磨的手法使黄、黑色染料交替边缘部分过渡均匀（图1-3-29）。

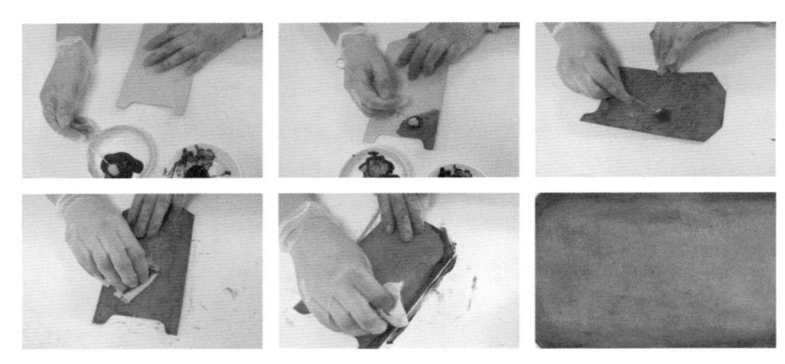

图1-3-29　擦色过程

3. 油性染料与防染剂结合使用

（1）前期准备

染色前预先设计染色图案和效果，准备相应的染料工具：原色植鞣革、膏状油性染料、羊毛球刷、棉签、防染剂，如图1-3-30所示。

图1-3-30　准备工具

（2）上底色

将膏状油性染料涂抹在原色植鞣革的正面（皮面层），皮革材料无须打湿可直接上色，用羊毛球刷蘸取黄色染料，以涂抹的方式在皮革材料表面进行染色，反复多次上色直至达到预计效果，为后续防染以及再次上色做准备。本次示范选择保留羊毛球刷痕的笔触质感，未完全染至颜色均匀（可根据个人喜好决定），如图1-3-31所示。

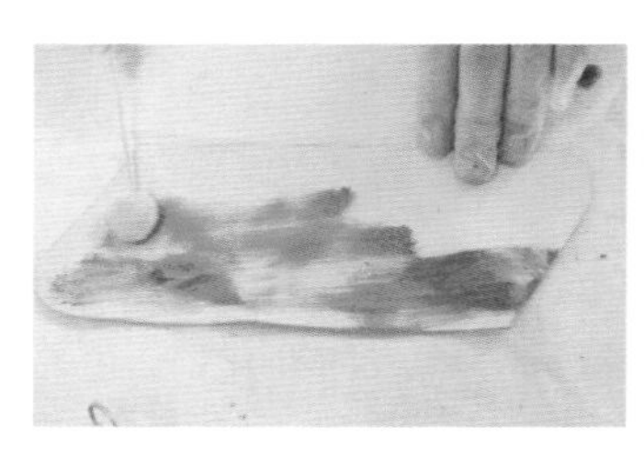

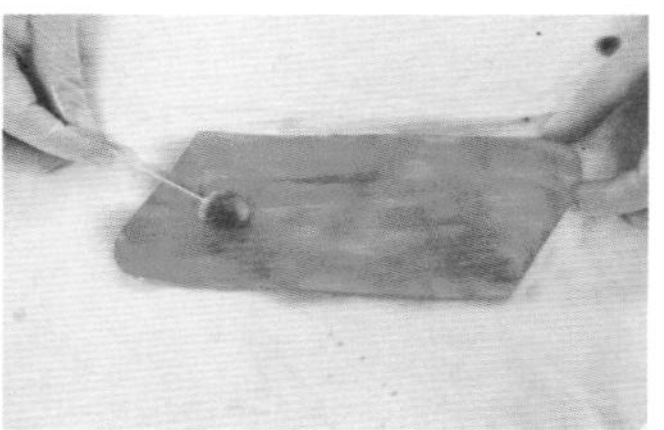

图1-3-31　上底色

（3）涂防染剂

使用棉签蘸取防染剂涂抹在染好底色的皮革表面，待防染剂干透后会在皮革表面形成一层保护膜，为再次上色做准备（图1-3-32）。

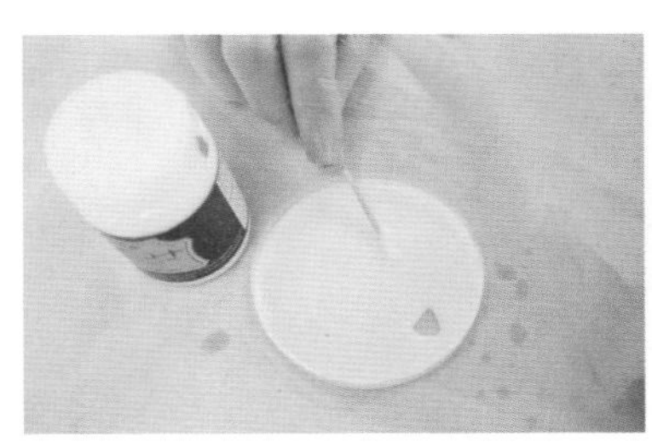
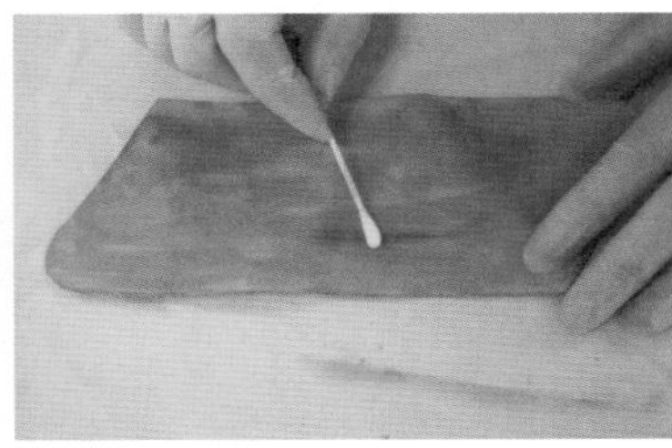

图1-3-32　涂防染剂

（4）再次上色

用羊毛球刷蘸取蓝色染料，以涂抹的方式在皮革材料表面进行染色，再次上色时要注意色彩间的关系，将染料少量多次绘制在皮面上，与底色的黄色染料结合成黄、绿交叠的效果（图1-3-33）。

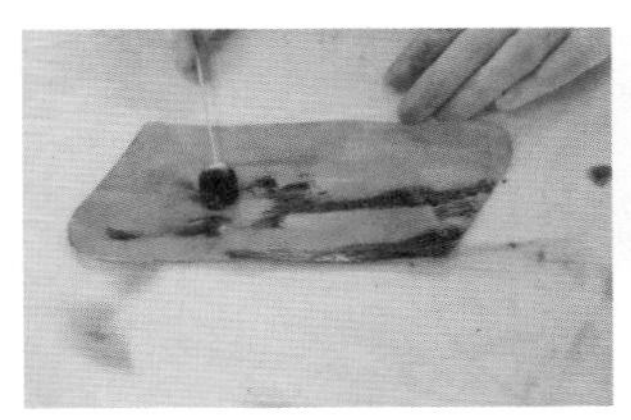

图1-3-33　再次上色

（5）去浮色

待皮料干透后，用帆布轻轻擦拭去除表面浮色，并进行抛光。

（6）最终效果展示（图1-3-34）

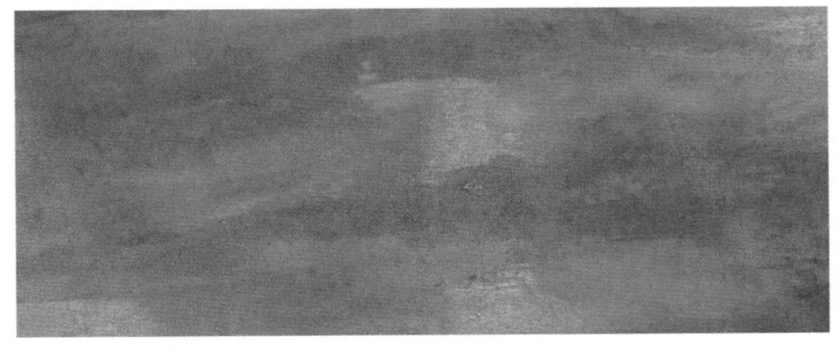

图1-3-34　最终效果展示

第二章

皮革扎染、夹染与卷染

扎染是一种古老的染色工艺，属于防染工艺，常见在纺织品印染中，中国古代的扎染称为“绞缬”或者“绞染”。主要是用线、绳对织物进行系、扎、结、捆绑、缝扎后，放在染液中染色，系、扎的位置难于染上颜色，拆线后出现留白的效果，形成肌理图案。皮革扎染则是将植鞣革皮料用线、绳等材料工具进行系、扎、结、捆绑、缝扎，然后放在染液中染色，形成独特的肌理风格。在皮革扎染工艺的基础上，还可以进一步创造延伸，例如，皮革夹染、皮革卷染。皮革夹染是将植鞣革先进行折叠后用夹板、夹棍、皮筋、线绳等工具进行系、扎、捆绑固定，然后将其染色，使其形成皮革夹染独有的肌理风格；皮革卷染是将植鞣革缠绕在不易变形的物体上，利用人力将其拧成麻花，再用线、绳等工具将缠绕植鞣革固定后放入染液中，使其形成卷染的独特肌理（图2-1）。

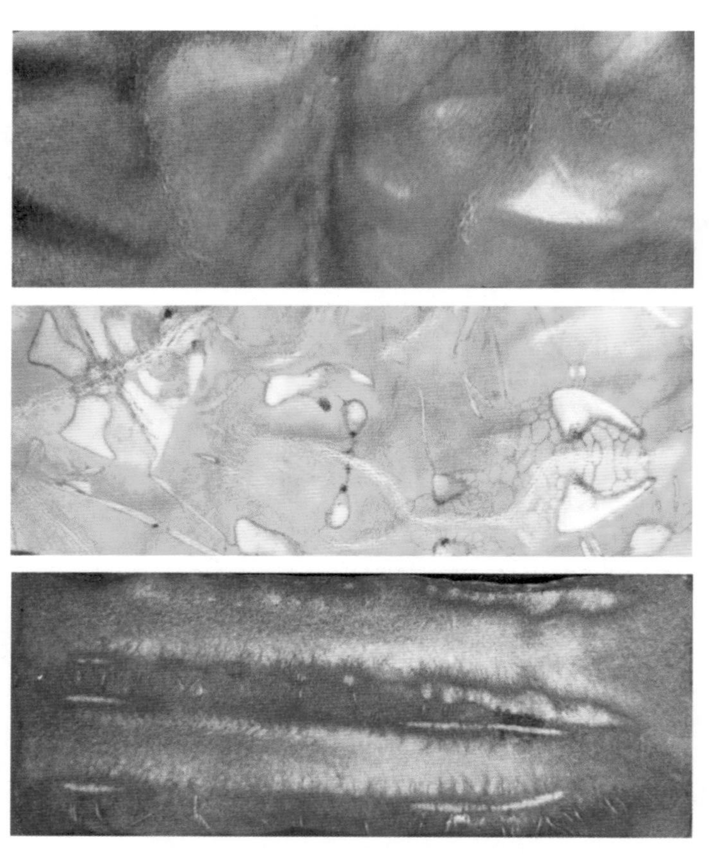

图2-1　皮革扎染作品

第一节　皮革扎染、夹染、卷染材料与工具

一、皮革扎染、夹染、卷染材料（图 2-1-1）

图2-1-1　材料汇总

（一）皮革

皮革扎染、夹染时一般选择较薄的原色植鞣革，厚度在0.5~1.0mm。由于皮革材料本身的皮纤维组织结构紧密、延展性小、有一定的弹性，使其与面料染色有所不同。因为皮革染色过程中不宜折叠过厚，所以较薄的皮革是皮革扎染的最佳选择，可保证皮革材料具有良好的染色效果。

（二）染料

酒精染料作为一种水溶性染料，是皮革扎染中较为常见的染料，它可以随意混合调色使用，也可以通过加水稀释其浓度来调整颜色的深浅，在色彩的选择上也更加丰富，需要注意的是酒精染料的混色最好使用同一品牌，如使用不同品牌的染料混合调色，色彩容易变脏，并且使用过的皮革会变干硬，后续还需要及时补充油脂（图2-1-2）。

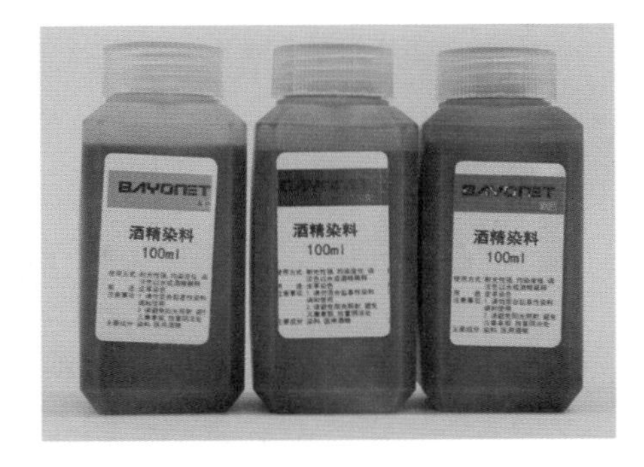

图2-1-2　皮革专用酒精染料

二、皮革扎染、夹染、卷染常用工具

（一）染色工具

常见的染色工具有羊毛球刷、羊毛排刷、棉签、塑料针管等。

1. 羊毛球刷

羊毛球刷是涂抹、刷匀染料的工具，由柔软的羊毛制成，吸水性好，在皮革染色中能够快速均匀地染色。

2. 羊毛排刷

羊毛排刷是蘸取调配好的染料进行大面积涂抹染色。

3. 棉签

棉签是进行小局部细节的染色点缀。

4. 塑料针管

塑料针管用来吸取染料，定向染色，在皮革扎染过程中，由于折叠或者堆积会使染料渗透困难，这时可以借用针管定向染色。

（二）其他工具材料

橡胶手套、高密度吸水海绵、小剪刀、托盘、网格架、玻璃杯、盘、一次性塑料碗以及保养工具和用品。其中橡胶手套是为了防止手直接接触染料，保护双手；高密度吸水海绵用来吸水后润湿皮革表面；托盘用来接收废弃的染料；而网格支架则是在多色染色时使用，它可以将正在染色的皮革与废弃染料分隔，以保证染色的过程中不会串色（图2-1-3）。

图2-1-3　网格支架

三、皮革扎染、夹染、卷染专用工具

（一）系扎工具与材料

1.绳、线

绳、线是最为常用的系扎工具，要求有一定的牢度。材质多选择涤纶线绳或尼龙绳，也可以是生活中常见的打包绳，这几种绳结实耐用、不易吸收渗透染料，能够起到良好的防染效果。准备粗细不等的绳线，根据所要系扎的面积和位置选择绳线，面积较大的皮革材料可以选择较粗的绳线系扎，而面积较小的皮革材料则可以选择较细的绳线系扎，根据皮革扎染的实际需求，也可以粗细绳线组合使用（图2-1-4）。

图2-1-4 绳、线

2.橡皮筋

橡皮筋的弹性好，价格低廉，且不易吸收渗透染料，利用回弹性好这一特点，将皮革材料进行局部束紧，同样能够起到防止染料渗透的目的（图2-1-5）。

图2-1-5 橡皮筋

（二）夹染工具与材料

1.金属夹

选择不同尺寸、不同咬合力的金属夹，夹染过程中皮革材料被金属夹夹紧的位置既可以起到防染的作用，也可以固定皮料，来控制皮革夹染中色彩的深浅效果（图2-1-6）。

图2-1-6 夹子

2.木棍、木片

各种长度、宽度的木棍、木片与橡皮筋组合使用，既可以固定皮革位置，也可以取得防染的效果（图2-1-7）。

3. 各式模片

形状各异的模片，作为夹片放在皮革材料中间，再利用线绳或者皮筋固定，也可以起到防染作用，使用不同形状的模具可得到不同的染色效果（图2-1-8）。

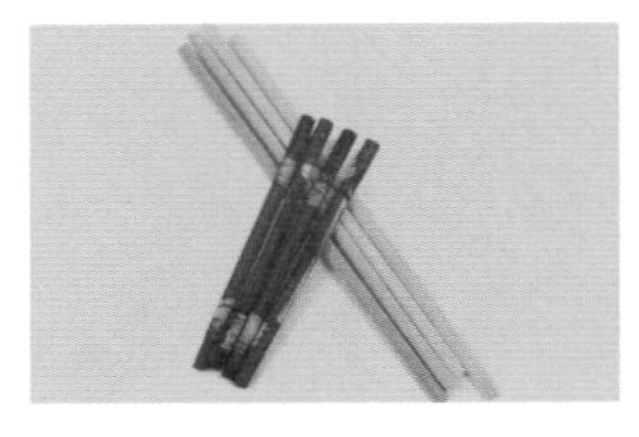

图2-1-7　木棍

图2-1-8　模片

（三）卷染工具与材料

不锈钢管、酒瓶等可以作为卷染的中心卷轴，在皮革卷染中与线、绳组合使用（图2-1-9、图2-1-10）。

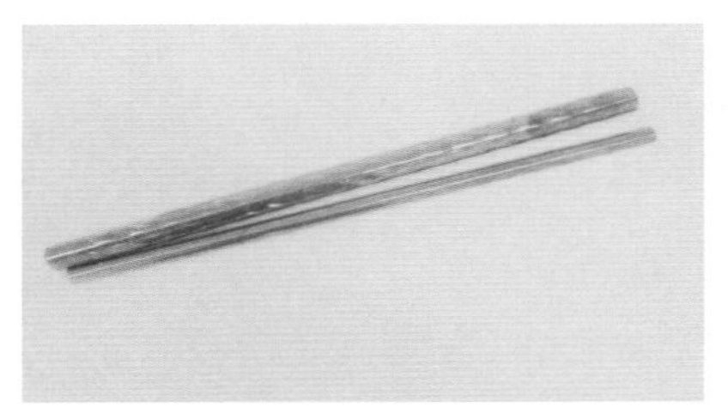

图2-1-9　不锈钢管

图2-1-10　酒瓶

第二节　皮革扎染基础工艺

皮革扎染的工艺方法有很多种，首先以自由系扎法为例讲解皮革扎染的基础工艺。皮革扎染的染色可以使用单色也可以使用多色，色彩相关知识见第一章第二节。

一、单色扎染

在染色过程中，由一种色相颜色浸染的扎染称为“单色扎染”。这是一种相对简单，且容易掌握的工艺方法，单色扎染具有含蓄且丰富的视觉效果。皮革单色扎染可以使用刷染法或是浸染法，由于浸染法使用的染料较多，且不能重复利用较为浪费，故常使用刷染法。

1. 调配染料、试色（详见第一章第三节酒精染料使用与调配部分）

将皮革专用酒精染料与水或者其他颜色的染料混合，使用羊毛球刷搅拌均匀，并不断地在皮革材料小样上试色，直至调配出理想的色彩。以图2-2-1中蓝色为例，蓝色加水会变为浅蓝色，加入黑色会变为深沉的普蓝色，加入其他颜色也会发生相应的变化。

图2-2-1　调配染料、试色

2. 打湿皮料

将植鞣革的正、反两面浸湿，可以用高密度海绵擦湿，也可以放在盛有水的容器中浸湿，润湿皮革可以使染料上色比较均匀（图2-2-2）。

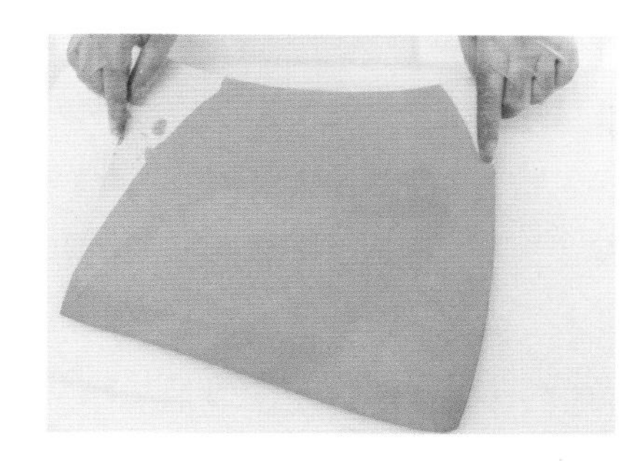

图2-2-2　打湿皮料

3. 折叠

将植鞣革自由折叠，可以如图2-2-3所示以一个点为中心折叠皮料，也可选择其他的折叠方式。值得注意的是皮革相对硬挺，且有厚度，不宜折叠和堆积得过多、过厚。

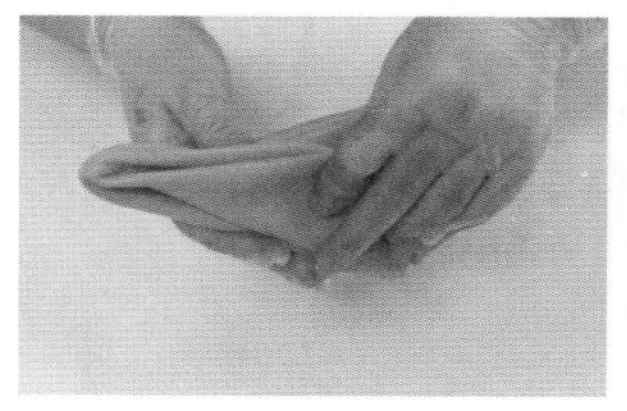

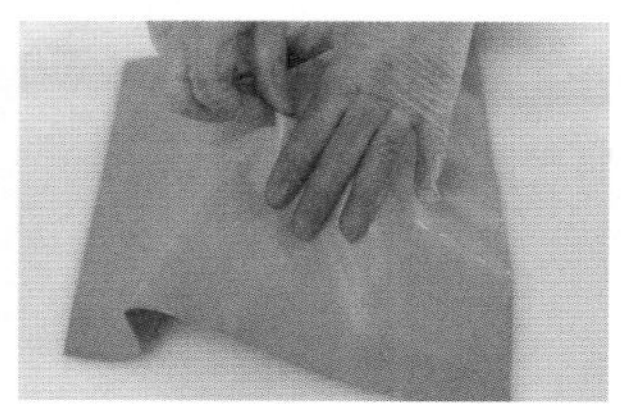

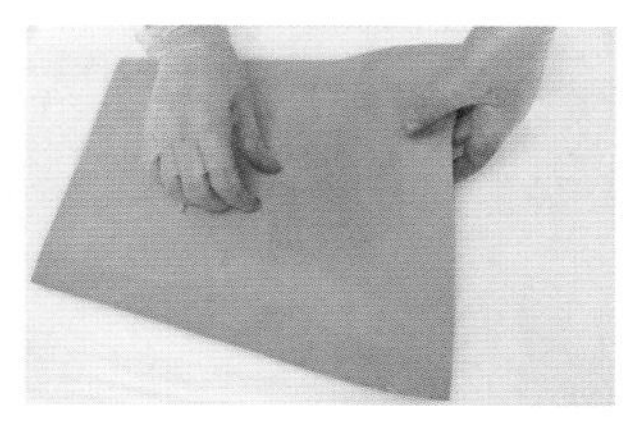

图2-2-3　折叠

4.系扎

用一只手握紧已经折叠好的皮料，另一只手使用涤纶绳线缠绕系扎，缠绕第一圈前要预留20cm左右的线，以便最后打结固定。在预设的位置反复缠绕、系扎。缠绕、系扎的位置是将来留白的位置，一方面要注意缠绕线的疏密，另一方面线的系扎不要过于紧实，否则染料很难渗透上色（图2-2-4）。

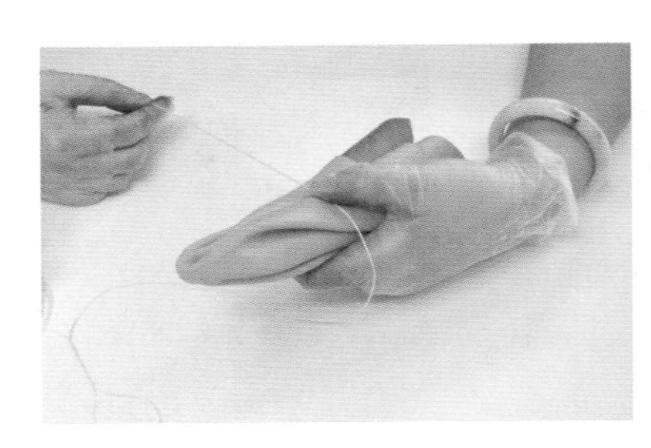

图2-2-4　系扎

5.染色

将系扎好的皮料进行染色，单色皮革扎染首先使用羊毛排刷蘸取调配好的染料，进行大面积涂抹染色，再用羊毛球刷蘸取染料，对堆积折叠较厚的位置着重染色。皮革材料比较不容易吸收染料，须多角度、反复地涂抹染料。为了让染色效果更丰富，可以将染料用水稀释成深浅两种或者多个层次，由浅入深地进行染色。染色的过程中可以用手翻看皮料的染色效果，如果没有达到理想效果，再多染色几次；还可以在染色的过程中反复揉捏皮料，使皮料更好地吸收染料，直至达到预先设想的效果（图2-2-5）。

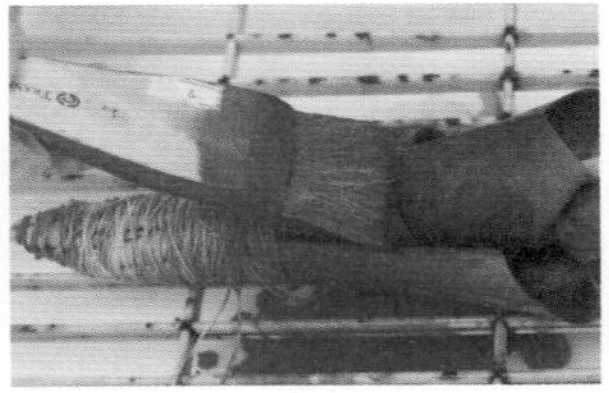

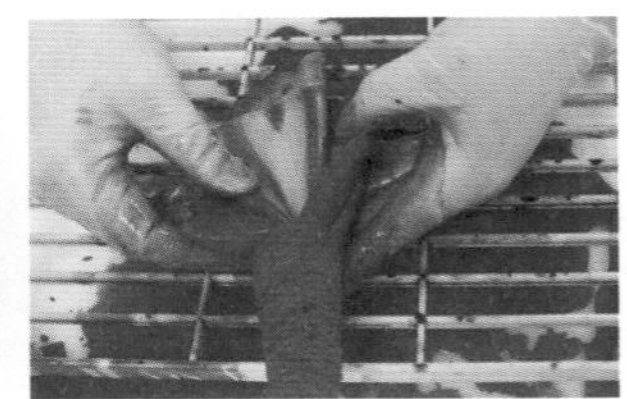

图2-2-5　染色

6.拆线

拆线前用力将染料挤干，然后用小剪刀将绳结剪断，解开绳线。

由于皮料染色比较困难，如果拆解开的材料没有达到预计的效果，须再扎染一遍。将上述折叠、系扎、染色和拆线的过程重复做一遍（图2-2-6）。

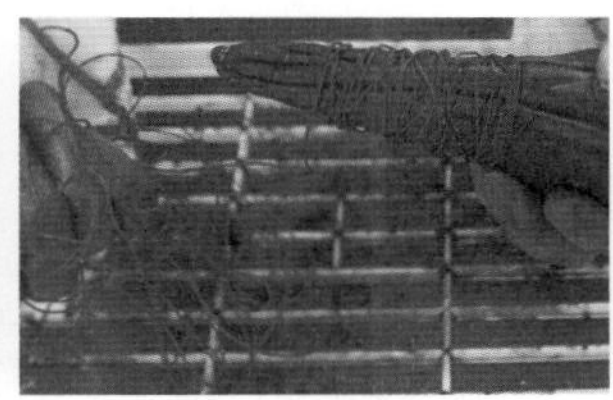

图2-2-6　拆线

7.最终成品（图2-2-7）

图2-2-7　最终成品

二、多色扎染

由两种或两种以上色相的颜色染色的扎染方式称为“多色扎染”。多色扎染色彩更加丰富多彩，视觉效果色彩斑斓。染色原理和基本步骤与单色扎染相同，值得注意的是，皮革专用酒精染料可以互相融合调配出新的色彩；另外，混合的色彩过多会出现脏色，应该注意避免，同时还应注意色彩之间的关系，主色与辅色的面积、比例等。

案例步骤如下。

1.调配染料

此次染色选择蓝、黄两种色相的染料，根据第一章第二节的色彩基础知识和第三节的酒精染料调配比例的色彩原理，可以得知蓝、黄两种色彩混合时会出现绿色，染色完成后会有蓝、黄、绿三种色相。调配颜色的深浅、浓淡与单色扎染案例的方法相同。此次染色以蓝色为主色，调配染料时略多一些，黄色为辅色可以略少。

2.打湿皮料

用高密度吸水海绵将植鞣革正、反两面均匀地润湿（图2-2-8）。

3.折叠

将植鞣革从其中一个角正反面平行折叠出褶皱，皮革不宜折叠过多过厚（图2-2-9）。

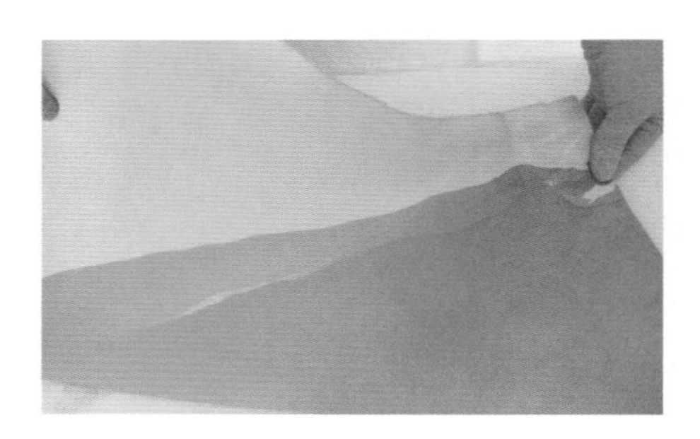

图2-2-8 打湿皮料

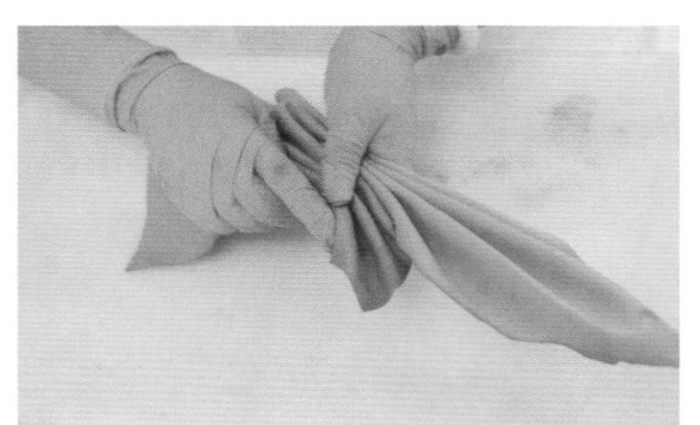

图2-2-9 折叠

4.系扎

用涤纶线由一端向另一端缠绕，缠绕的过程中注意疏密关系，涤纶线缠绕可以疏密结合，也可以粗细线结合，缠绕的松紧程度不宜过紧，最后打结完成系扎。线的系扎疏密节奏，将影响最终的扎染效果（图2-2-10）。

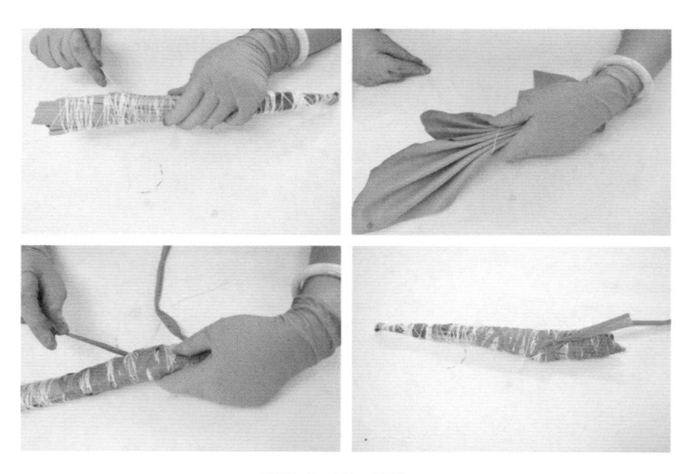

图2-2-10 系扎

5.染色

将系扎好的植鞣革用羊毛排刷蘸取已经调配好的主色——蓝色酒精染料，由浅及深、多次均匀地大面积染色，在大面积染色的同时需要预留出其他后续色彩的位置。然后使用羊毛球刷蘸取蓝色酒精染料，着重染重叠较多的位置。再使用新的羊毛球刷蘸取辅色——黄色酒精染料，在已染色的植鞣革上进行点缀染色，黄色遇到蓝色会变成绿色，染色完成后色彩会相互融合产生丰富多彩的效果（图2-2-11）。

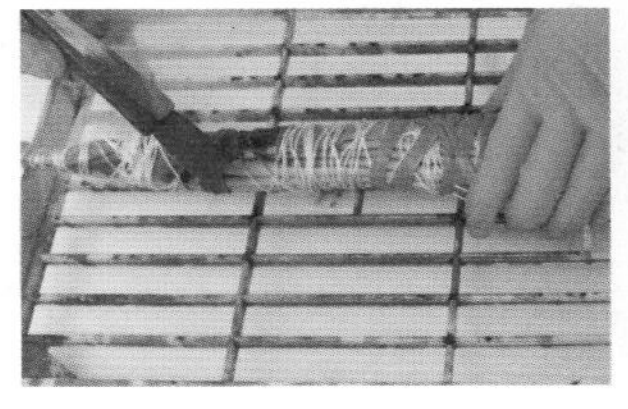
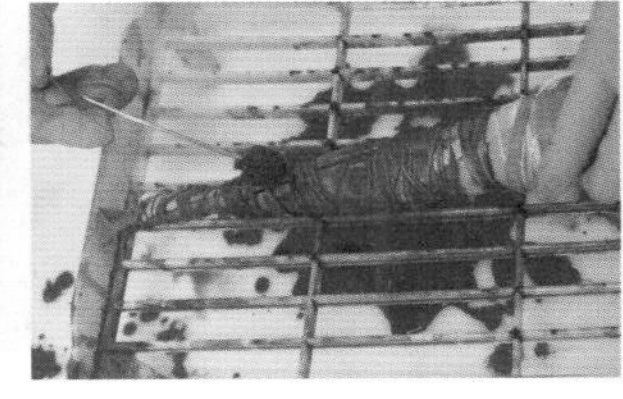
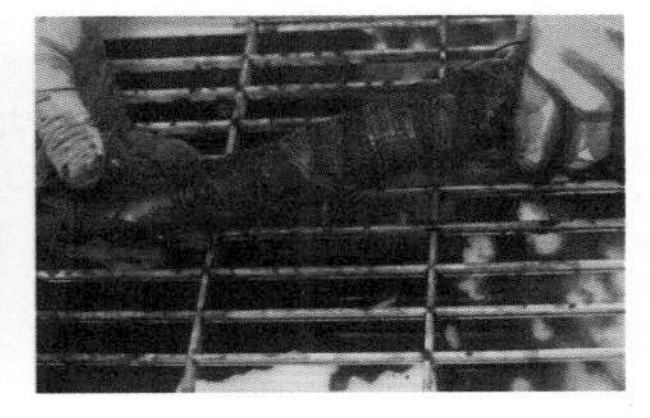

图2-2-11 染色

6.拆线

用小剪刀剪断绳结，解开绳线（图2-2-12）。

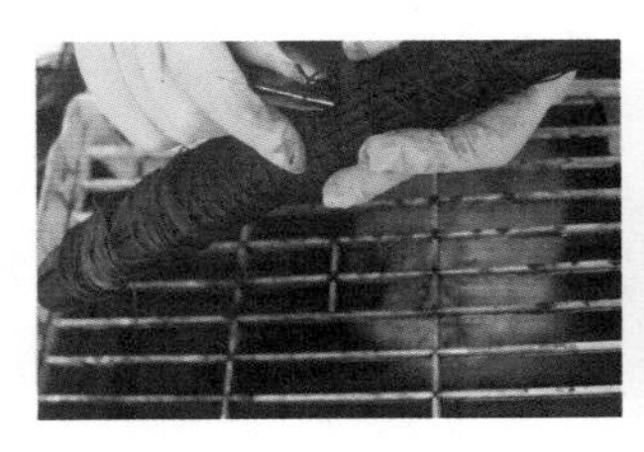
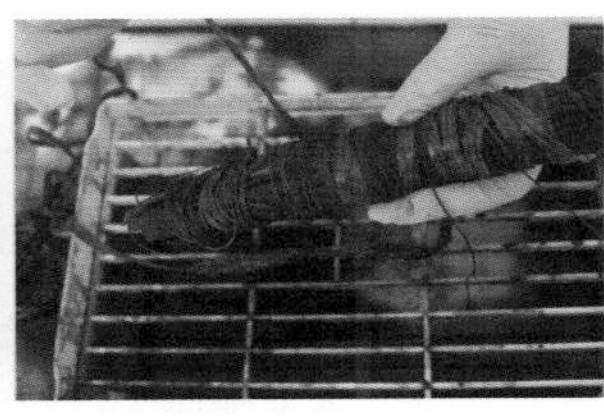

图2-2-12 拆线

7.最终成品图（图2-2-13）

图2-2-13 最终成品图

三、其他自由系扎皮革扎染

（一）案例一：团形自由系扎

1.染前染料调配准备，准备单色绿色染料

根据第一章中所讲的色彩原理，此次染色选择蓝、黄两种色相的染料，调配颜色的深浅、浓淡与单色扎染和多色扎染案例的方法相同。此次染色为绿色，调配染料时蓝色染料和黄色染料大致等比（图2-2-14）。

图2-2-14 准备绿色染料

2.打湿皮料（见前文）

3.折叠

将植鞣革自由折叠，可以如图2-2-15所示从皮革的边缘向中心多个方向旋转式捏出多个褶皱，将皮革团成“玫瑰状”。

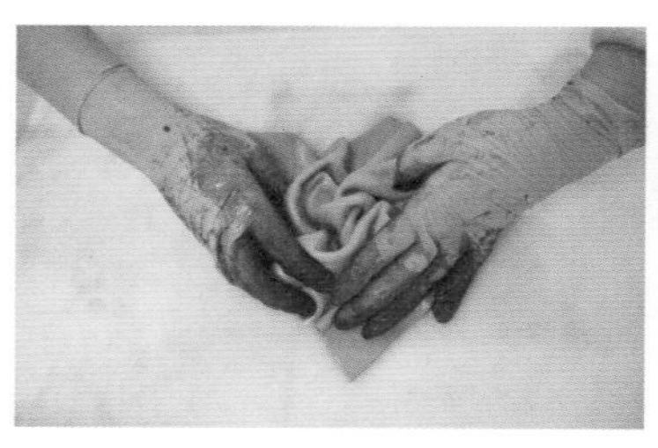
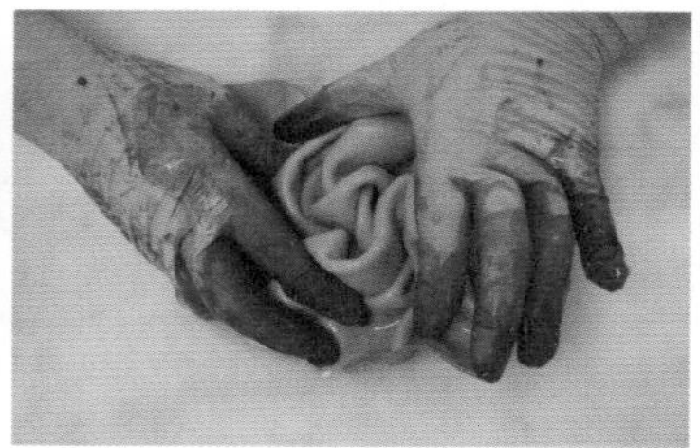

图2-2-15 折叠

4.系扎

一只手紧握折叠好的皮革，另一只手用涤纶线由一端向另一端进行各个方向的缠绕，与以上案例同理，缠绕的过程中注意同一方向涤纶线的疏密关系，可以疏密结合，以及线的粗细结合。线的缠绕不宜过紧，最后打结完成系扎（图2-2-16）。

5.染色

将系扎好的植鞣革，用羊毛球刷蘸取已经调配好的绿色酒精染料，由浅及深多

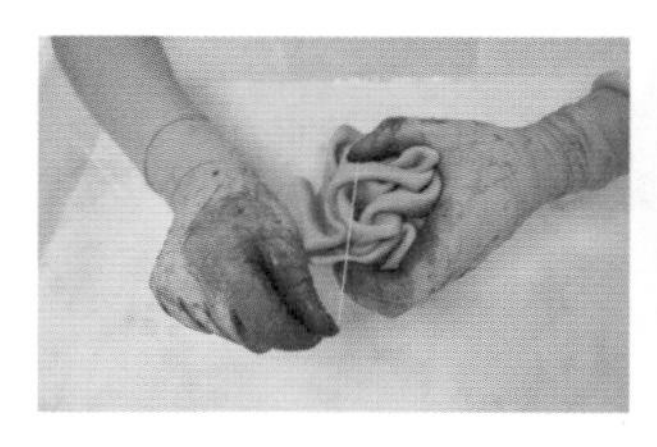
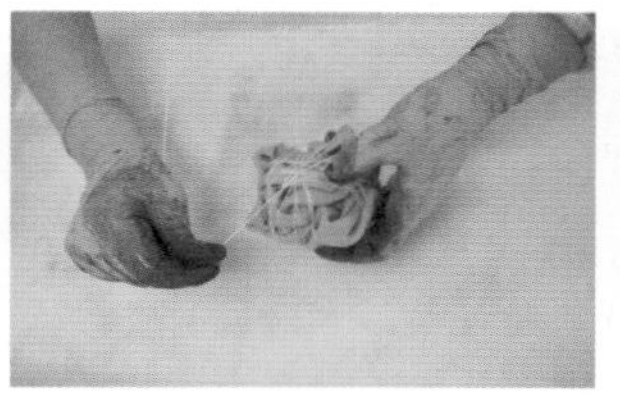
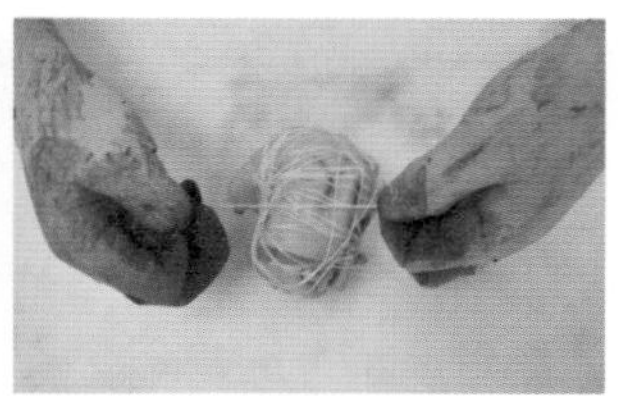

图2-2-16　系扎

次、均匀地大面积染色，然后同样使用羊毛球刷蘸取染料，着重染重叠较多的地方。染色完成后会呈现出具有强烈纹理感的色彩效果（图2-2-17）。

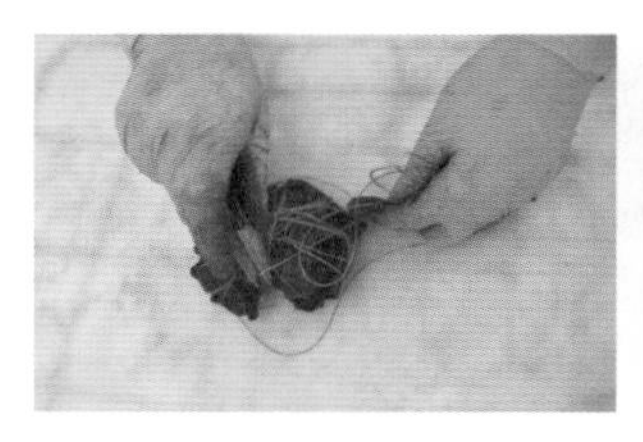

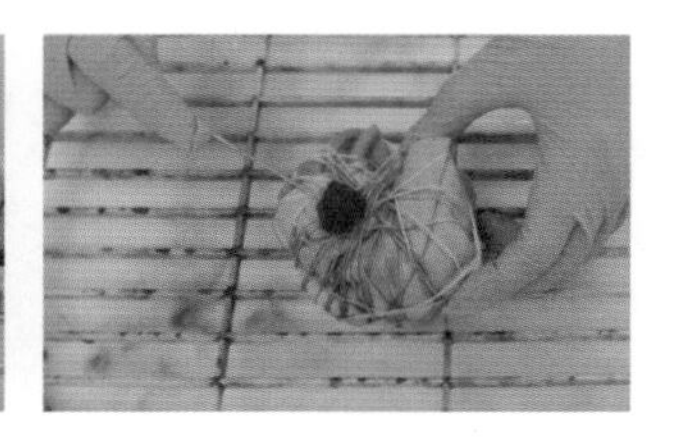

图2-2-17　染色

6. 拆线

用小剪刀剪断绳结，解开绳线，缓慢展开染好的皮革（图2-2-18）。

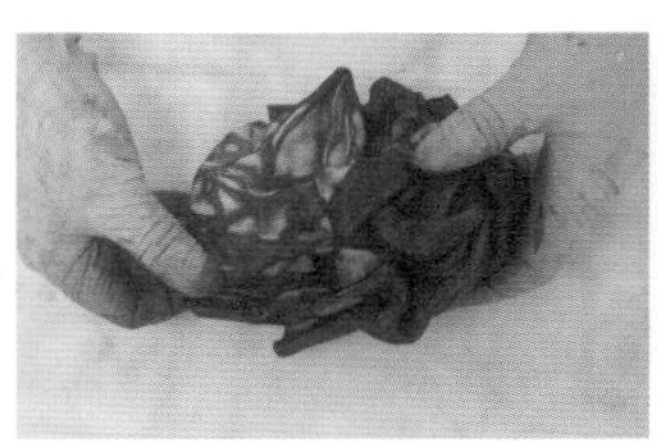
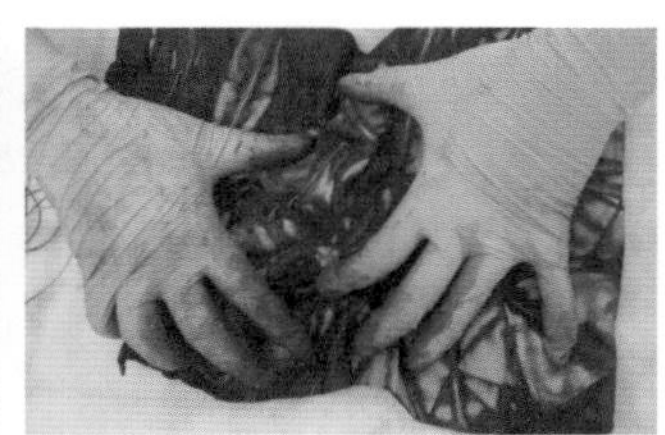

图2-2-18　拆线

7. 最终成品图（图2-2-19）

图2-2-19　最终成品图

（二）案例二：锥形自由系扎

染前染料准备

此次染色选择蓝、黄两种色相的染料，调配颜色的深浅、浓淡与前文的方法相同。此次染色为黄色与蓝色相结合。调配完染料之后可先用一块打湿的小长方形皮革试色，并根据试色效果调整染料浓度以便达到预期效果（图2-2-20）。

图2-2-20　准备染料

1.打湿皮料

与以上单色扎染和多色扎染的案例相同，用高密度吸水海绵将正、反两面均匀地润湿。也可以放在盛有水的容器中浸湿，打湿皮料可以使染料的上色比较均匀。

2.折叠

找到一个中心点，将植鞣革各边分别向中心靠拢折叠成伞状，然后双手紧握两端，分别向相反方向将皮革拧紧，拧出多个褶皱（图2-2-21）。

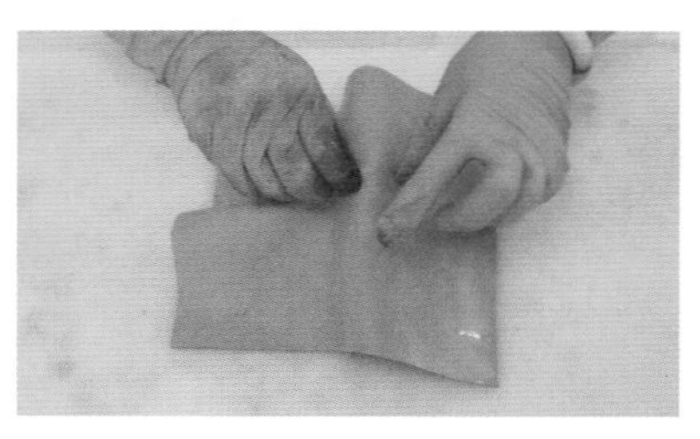

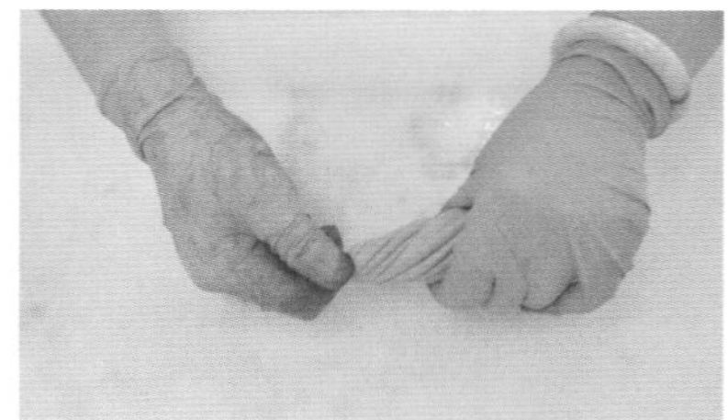

图2-2-21　折叠

3.系扎

一只手紧握皮革，另一只手用皮筋或者绳线在预计的位置反复缠绕、系扎，缠绕、系扎的位置是完成时留白的位置。缠绕的过程中注意方向与疏密关系，缠绕可以疏密结合，也可以粗细结合。线的缠绕不宜过紧，最后打结完成系扎（图2-2-22）。

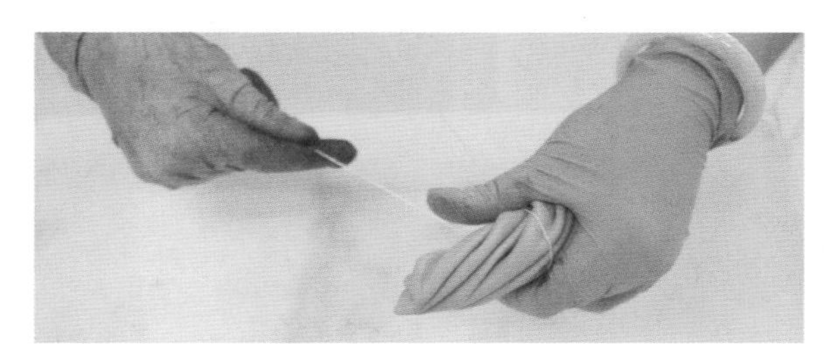

图2-2-22 系扎

4. 一次染色

用羊毛球刷蘸取黄色的酒精染料，将其均匀地涂抹在已经系扎好的皮革材料的前端，并多角度、反复地涂抹染料，由浅入深地进行染色（图2-2-23）。

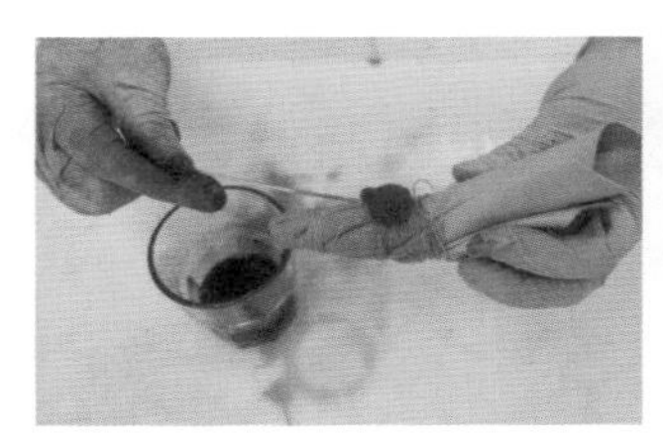

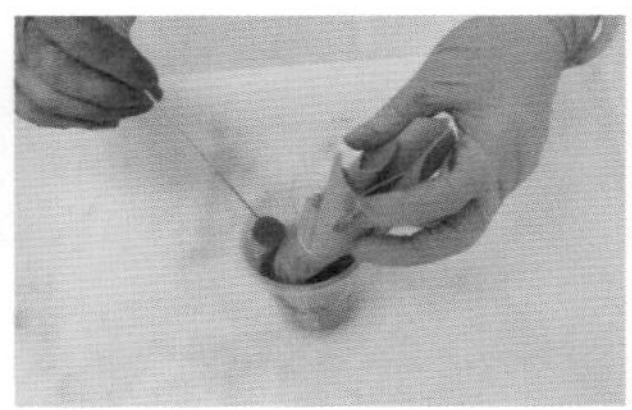

图2-2-23 一次染色

5. 包裹塑料膜

为了使皮革前端已经染好的黄色部分不被即将要染的蓝色所影响，需要将前端皮革包裹住一层塑料膜，并在塑料膜的尾部用绳线牢牢系紧打结（图2-2-24）。

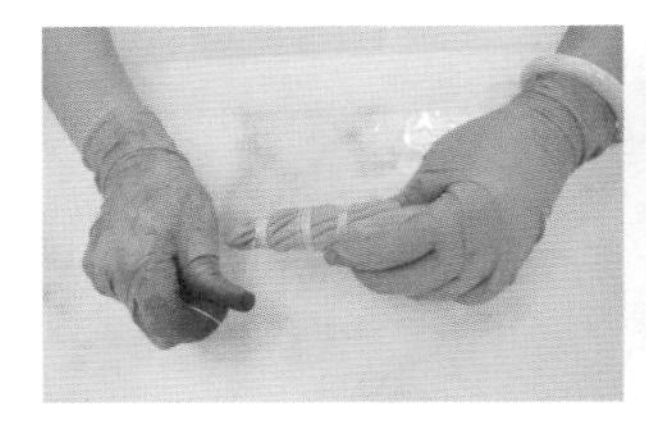

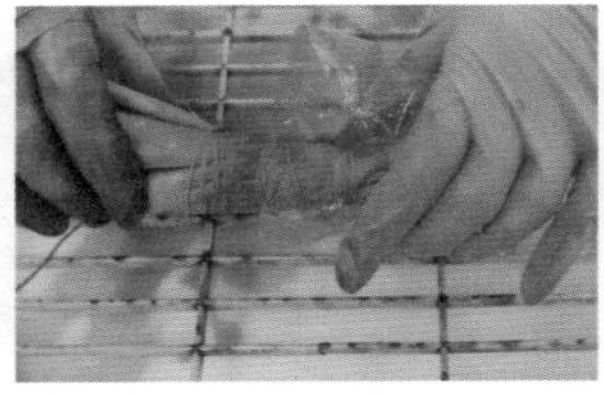

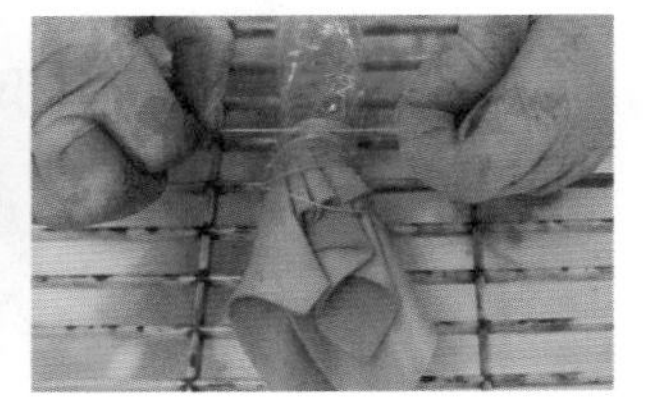

图2-2-24 包裹塑料膜

6. 二次染色

一手握住包裹塑料膜的皮革前端，用羊毛球刷蘸取蓝色酒精染料，将其均匀地涂抹在皮革材料的后半段。相同方法，多角度、反复地、由浅入深地进行染色。染色过程中可以用手翻看皮料的染色效果，可多染色几次，也可以反复揉捏，使皮料更好地吸收染料，直至达到预想效果（图2-2-25）。

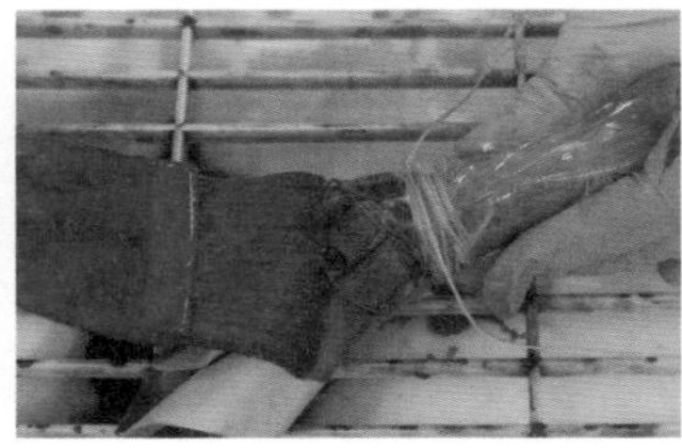

图2-2-25　二次染色

7.拆线

在拆线前，先用力将染料挤干，确保在拆线过程中两种颜色的染料不会二次干扰。随后先将塑料膜取下，再将剩下的皮筋或绳线解开，最后将染好的皮革缓慢展开（图2-2-26）。

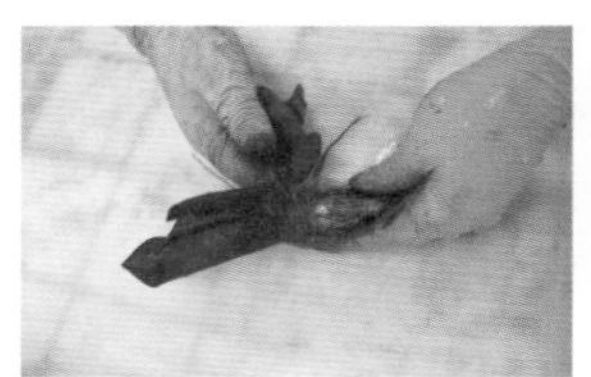
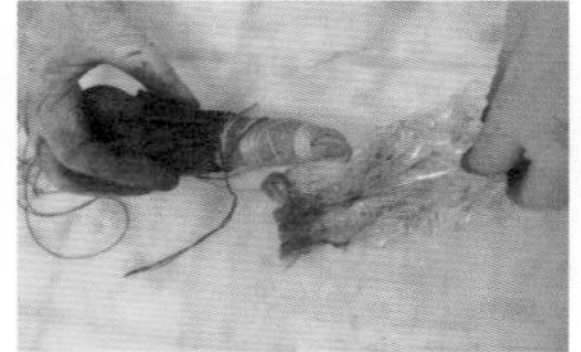

图2-2-26　拆线

8.最终成品图（图2-2-27）

图2-2-27　最终成品图

第三节　皮革扎染、夹染、卷染技法

皮革扎染、夹染、卷染都运用了夹子、线、绳等其他物品，防止染料在皮革材料上着色，在染色的过程中有着色的位置和未着色的位置，相映成趣，呈现斑斓的视觉效果。夹染和卷染是在扎染的基础上进行的创造性延伸，因视觉效果独特而成名。

一、折叠扎染

（一）案例一：单色三角形折叠法

1. 打湿皮料

准备一张长宽比为3∶1的植鞣革，将植鞣革的正、反两面浸湿，润湿的方法与之前诉说一样，可以用高密度海绵擦湿，也可以放在盛有水的容器中浸湿。

2. 折叠

从皮革的一个角开始向对边折成三角形，注意边缘要对齐，再往另一面折叠第二次，以此方法折叠五次，将皮革折叠成一个三角块状（图2-3-1）。

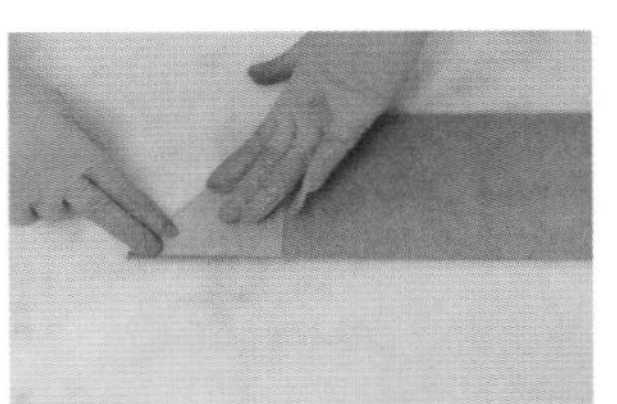

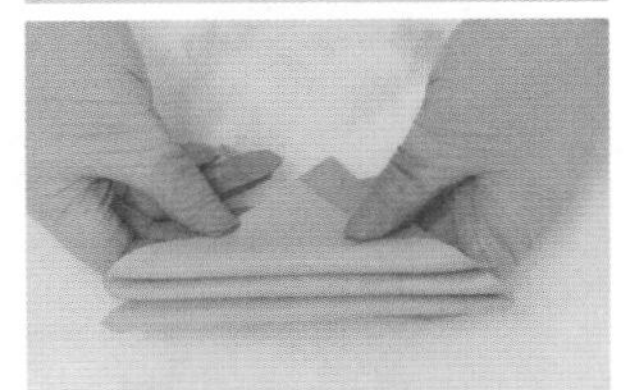

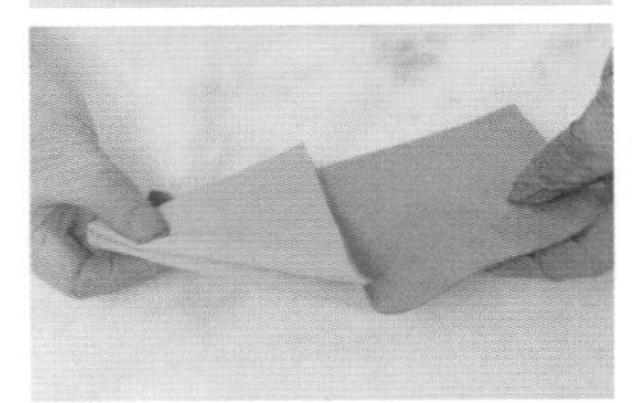

图2-3-1　折叠

3. 系扎

握住折叠好的皮革，在对称的两个角往上约两指宽的位置用绳线缠绕系扎。缠绕、系扎的位置是将来留白的位置，一方面要注意绳线缠绕的疏密，另一方面系扎不能过于紧实，防止革料过度形变[1]及难以渗透上色（图2-3-2）。

4. 染色

使用羊毛排刷蘸取调配好的蓝色染料，大面积涂抹染色，注意由浅入深、多角度、反复地涂抹染料。染色的过程中注意翻看皮料的染色效果，可重复多次染色，还可以在染色的过

[1] 形变：避免皮革因过度挤压变形而导致染料难以渗透。

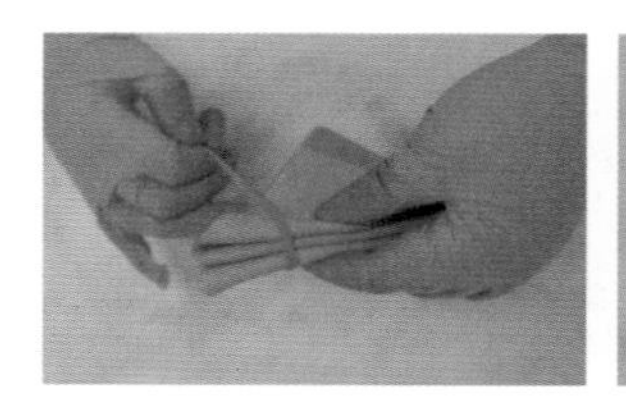

图2-3-2 系扎

程中，用手反复地揉捏按压，使皮料更好地吸收染料，直至达到预先设想的效果（图2-3-3）。

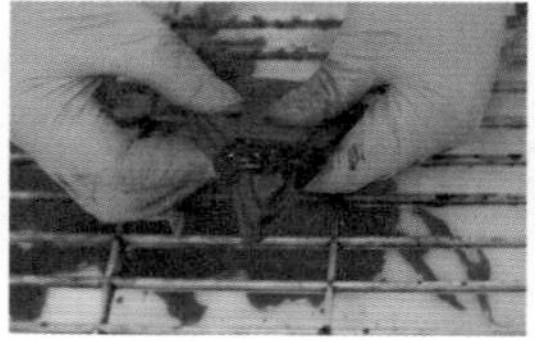

图2-3-3 染色

5.拆线

同之前案例所示，拆线前先用力将染料挤干，然后用小剪刀将绳结剪断，把绳线解开，随后把折叠的每个面依次展开（图2-3-4）。

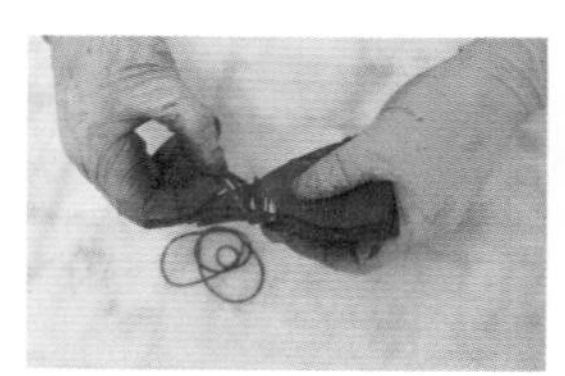
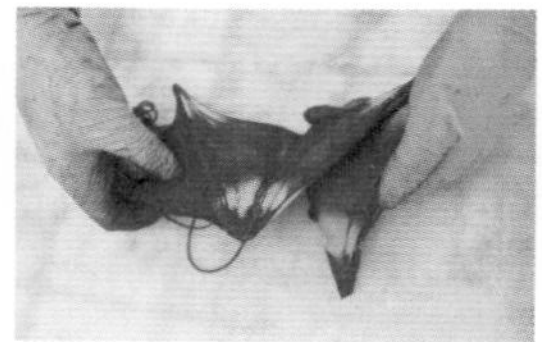
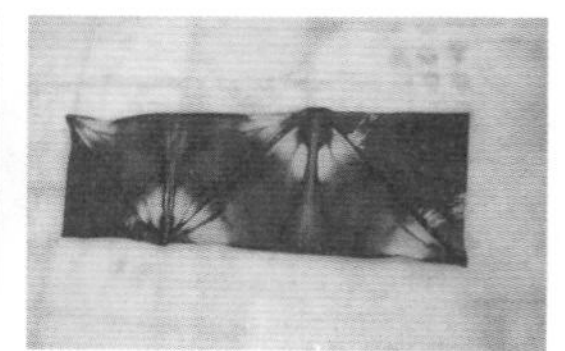

图2-3-4 拆线

6.最终成品图（图2-3-5）

图2-3-5 最终成品图

（二）案例二：多色长条形折叠法

1. 调配染料

此次染色选择红、蓝、黄三种色相的染料，根据第一章中所讲的色彩原理，可以得知黄色、蓝色这两种色彩混合时会出现绿色，红、黄、蓝三种色彩染色完成后会有红、橙、黄、绿、蓝五种色彩。调配颜色的深浅、浓淡与之前案例相同。此次染色以蓝色为主色，调配染料时略多一些，红色和黄色为辅色可以略少（图2-3-6）。

2. 打湿皮料

用高密度吸水海绵将皮革正反两面均匀地润湿（图2-3-7）。

图2-3-6 调配染料

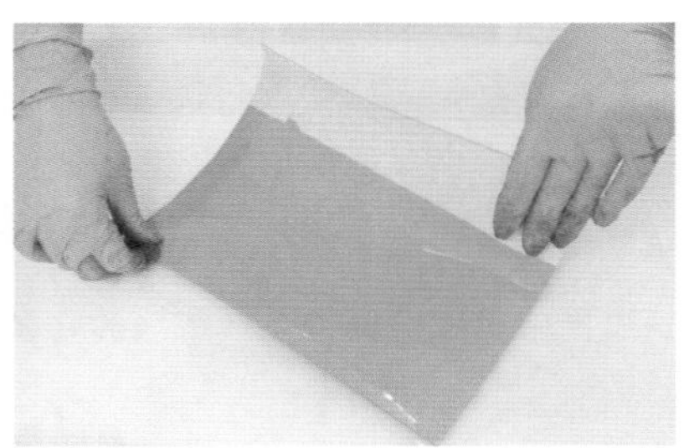

图2-3-7 打湿皮料

3. 折叠

将润湿的革料沿着其中一条边向里折出两指宽度，再往反面折出同样的宽度，依次正反折叠数次，将革料折叠成长条状（图2-3-8）。

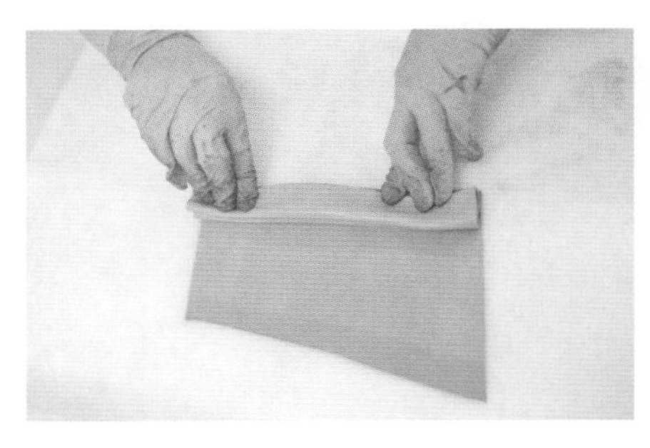

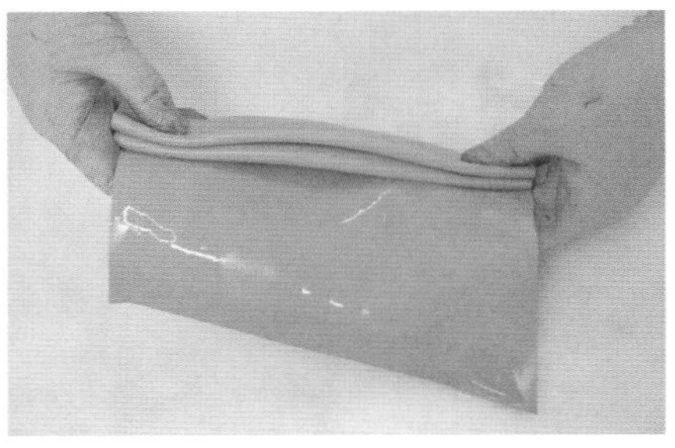

图2-3-8 折叠

4.系扎

用皮筋或绳线将折叠好的皮革系扎数次，从右到左每隔一段距离系扎一次。可根据预想的效果调节每一段的宽度。皮筋应注意系扎的松紧度，不宜太松或太紧，绳线应注意预留出一段距离以便于打结（图2-3-9）。

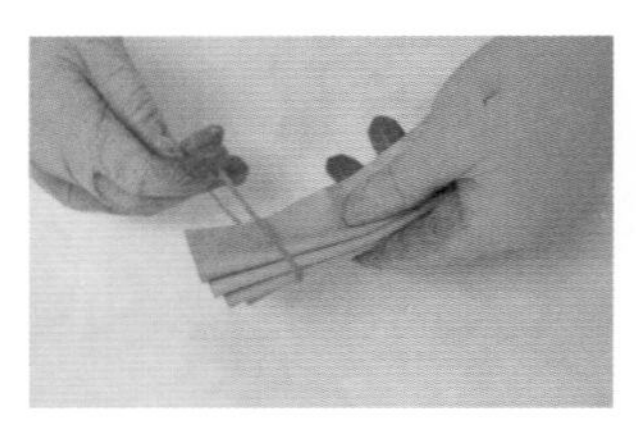
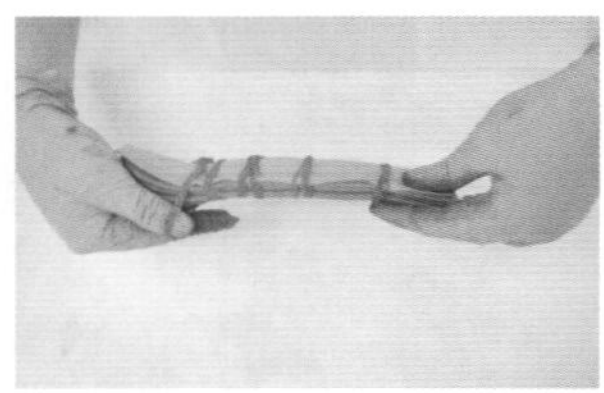
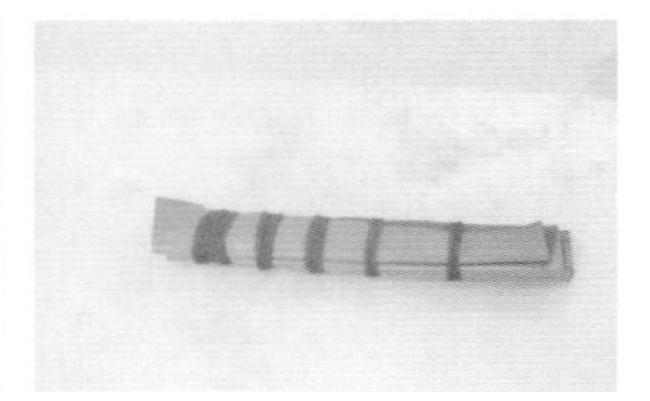

图2-3-9　系扎

5.染色

用手握住系扎好的皮革一端，用羊毛排刷蘸取调好的蓝色染料从另一端开始由浅入深地反复上色。由于以蓝色为主色，所以染色面积可尽量大一些。随后用羊毛球刷蘸取黄色染料对剩余部分进行小面积染色，最后用红色染料给末尾一段染色。染色的过程中应注意颜色之间的过渡，黄色与蓝色的衔接部分会晕染出绿色，与红色衔接的部分则会晕染出橙色（图2-3-10）。

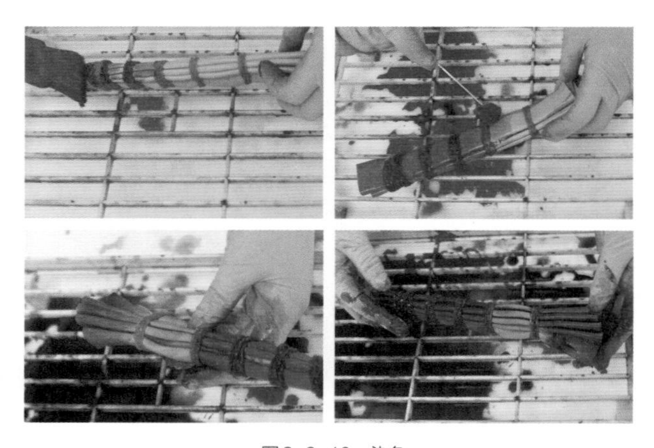

图2-3-10　染色

6.拆线

挤干革料上的染料，用小剪刀剪开绳线或用手拆开皮筋，将染好的革料展开

（图2-3-11）。

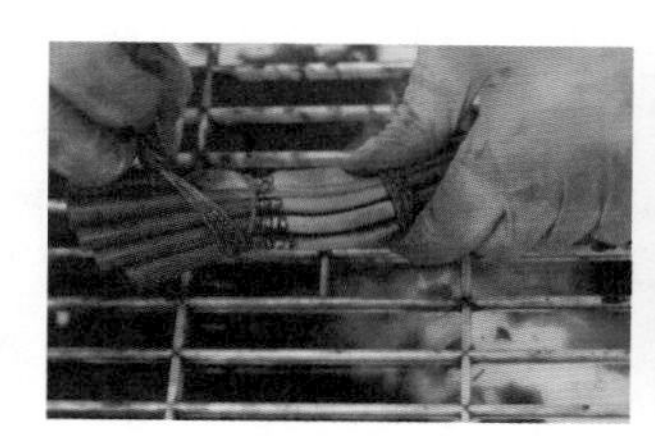

图2-3-11　拆线

7.最终成品图（图2-3-12）

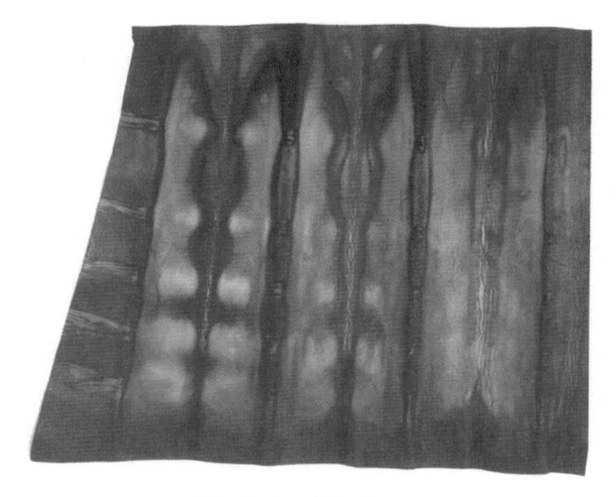

图2-3-12　最终成品图

二、夹染法

夹染法，顾名思义，是使用各式夹子或木棍、木片，或者其他模片，使用外力对皮革形成的防染效果，从而呈现独特的外观。

（一）案例一：金属夹夹染法

1.折叠

将一块浸湿的正方形皮革先沿对角线折叠一次，展开再分别沿对边横竖各折叠一次，将皮革等分成四个小正方形。然后将对角的两个方形部分沿对角线向下向里折叠，将皮革折叠成方块状，折叠过程中应注意边缘尽量对齐（图2-3-13）。

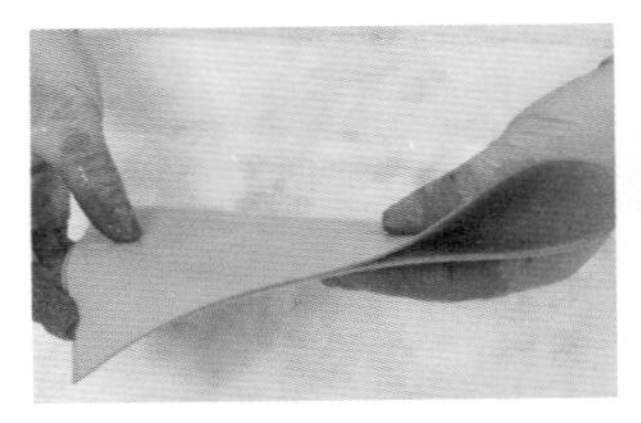
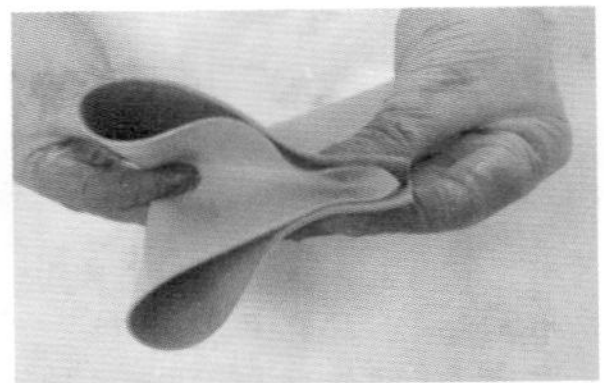

图2-3-13　折叠

2.夹

捏紧折叠好的皮革，用四个夹子分别夹住四个角，注意角度和距离间隔尽量均等（图2-3-14）。

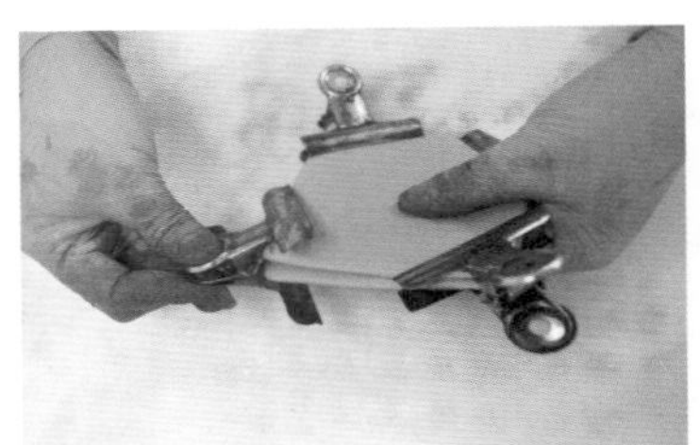

图2-3-14　夹

3.染色

一只手紧握夹住的其中一个角，另一只手用羊毛排刷蘸取蓝色染料，先从革料的正反两面由中心到边缘由浅入深地均匀染色，再蘸取染料从折叠的侧面边缘空隙渗透进去。染色过程中可以用手反复揉捏按压，使皮革更好地吸收染料，从而达到预期效果（图2-3-15）。

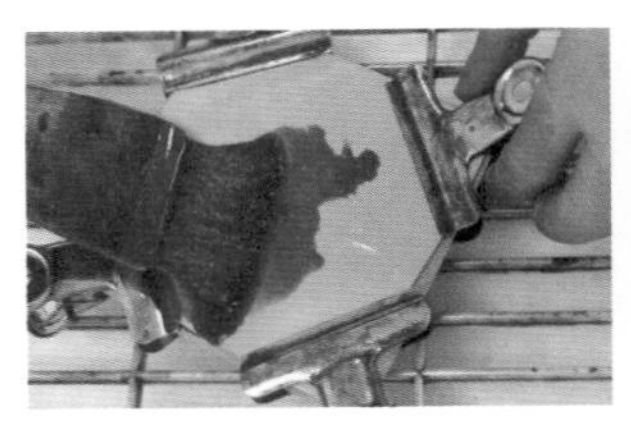

图2-3-15　染色

4.拆线

用手挤干染料，去掉夹子，将染好的皮革展开（图2-3-16）。

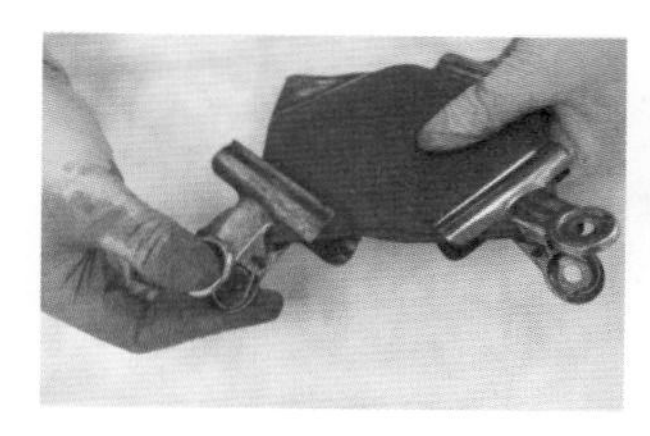

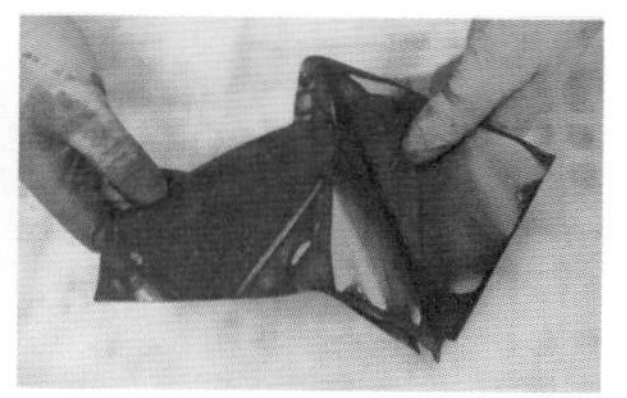

图2-3-16　拆线

5.最终成品图（图2-3-17）

图2-3-17　最终成品图

（二）案例二：木棍夹染法

1.折叠

同单色三角形折叠法（第二章第三节），准备一张长宽比例为3：1的长方形皮革，用水浸湿，从皮革的一个角开始向对边折成三角形，注意边缘对齐，再往另一边折叠第二次，以此方法折叠五次，将皮革折叠成一个三角块状（图2-3-18）。

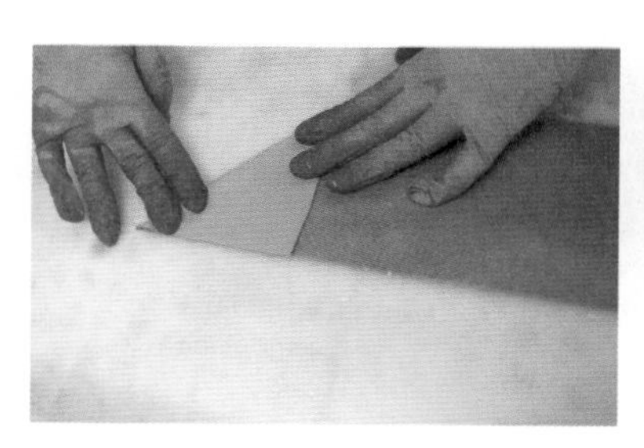
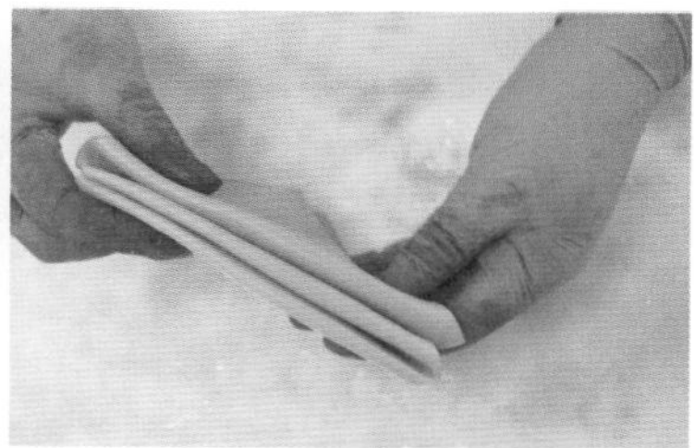

图2-3-18　折叠

2.捆扎

准备四根木棍，两根为一组对齐，将皮革夹在中间，用皮筋或绳线捆扎。为了保证木棍按压的痕迹不被染色，需要捆扎得紧一些（图2-3-19）。

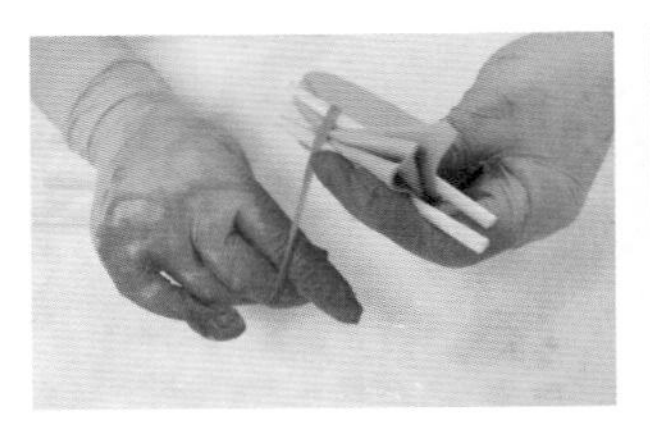
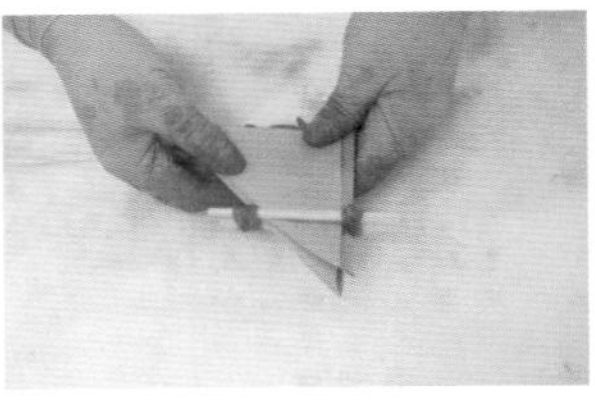

图2-3-19 捆扎

3.染色

与上一个案例的方法相同。用羊毛排刷蘸取蓝色染料对捆扎好的皮革进行染色，为了保证每个面的染色效果，需要再蘸取染料从折叠的侧面边缘空隙渗透进去，并反复揉捏按压，以达到想要的染色效果（图2-3-20）。

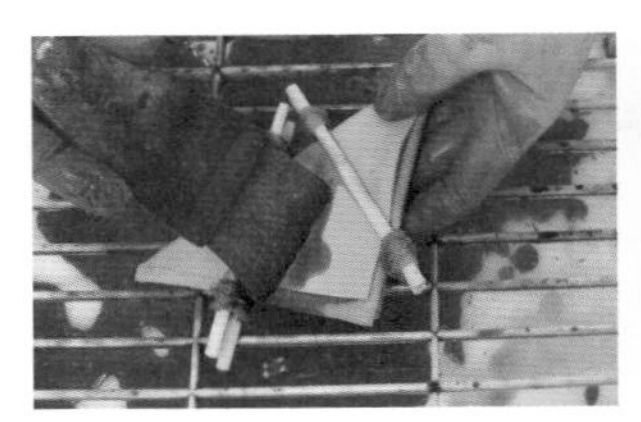

图2-3-20 染色

4.拆线

用手挤干多余的蓝色染料，解开绑在木棍上的绳线，分别取下两组木棍，然后展开染好的皮革（图2-3-21）。

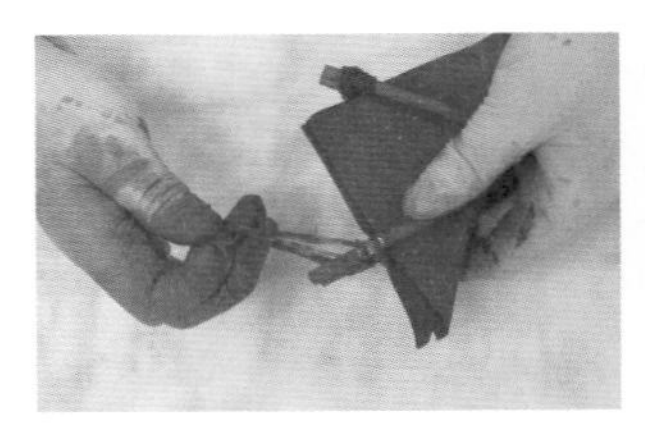
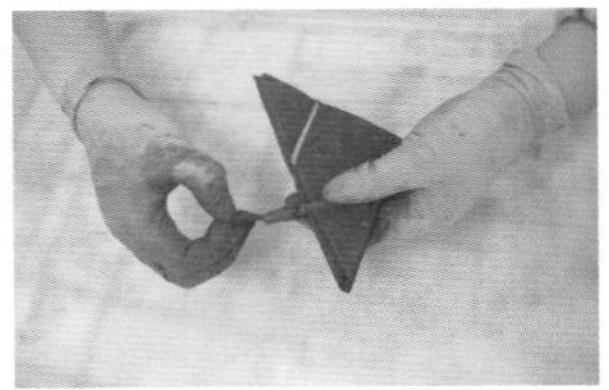

图2-3-21 拆线

5.最终成品图（图2-3-22）

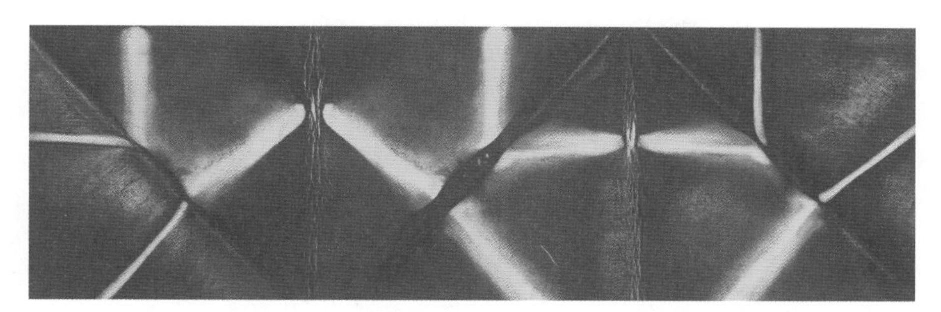

图2-3-22　最终成品图

（三）案例三：模片夹染法

1.折叠

准备塑料针管，黄色、红色和黑色的皮革专用酒精染料，一张正方形的原色植鞣革和三个汽车坐垫卡扣模片。先将植鞣革用水浸湿，然后正面在外反面在里，将皮革的其中一条边向对边折叠，再往垂直方向折叠成小方块。

2.捆扎

将一个模片放进折叠的小正方形内盖住，剩下两个模片分别放置于正反面，用绳线“十”字形捆扎（图2-3-23）。

图2-3-23　折叠、捆扎

3.染色

先用羊毛球刷蘸取黄色的酒精染料，由边缘至中心，对捆扎好的皮革进行由浅入深的均匀染色。为了保证折叠进去的面也能达到同样的染色效果，需要用塑料针管吸取黄色染料注入其中，进行定向染色，并用手均匀按压揉搓皮革。随后用同样的方法，先用羊毛球刷蘸取红色染料对卡扣圆面外围进行均匀染色，并用塑料针管吸取红色染料对相对应的折叠进去的面进行定向染色。以此类推，最后对黑色染料进行定向染色（图2-3-24）。

图2-3-24 染色

4.拆线

挤干多余染料，用小剪刀解开绳结，拆下绳线，再取下模片，最后展开皮革（图2-3-25）。

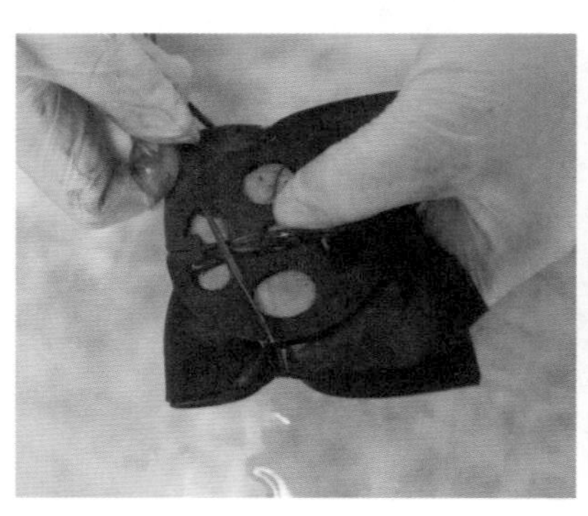

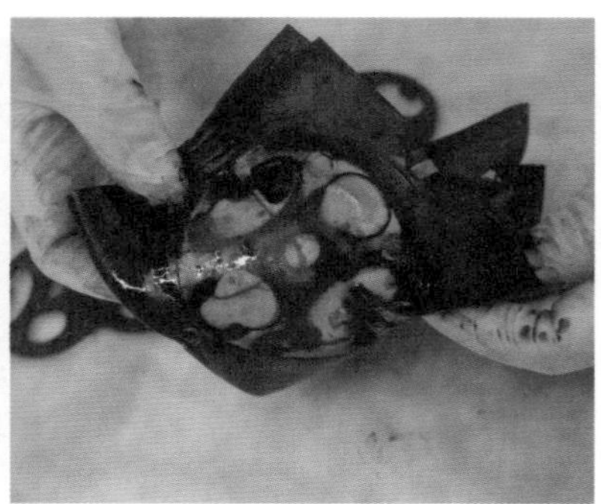

图2-3-25 拆线

5. 最终成品图（图2-3-26）

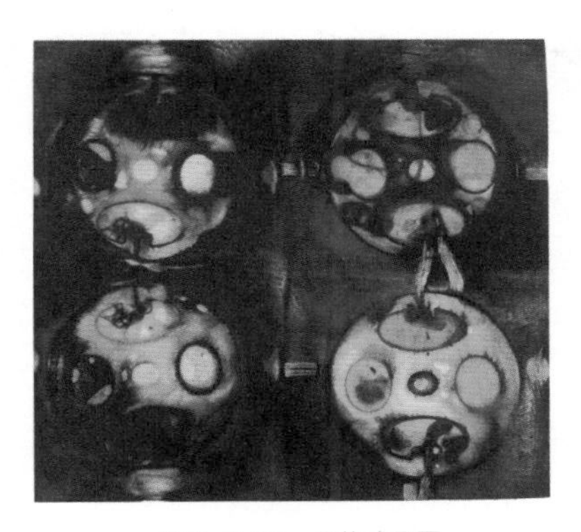

图2-3-26 最终成品图

三、卷压染法

卷压染法是利用圆棍等物品，如钢管、酒瓶等，将皮料包裹、扭曲，再利用绳子捆扎完成防染。

（一）案例一：大幅卷压染法

1. 缠绕皮革

将一块大的长方形皮革用水浸湿，反面朝上，两手握住不锈钢管从皮革的一个角开始往里卷，使皮革紧紧包裹住不锈钢管，然后两手朝相反方向将皮革扭转出一定的褶皱（图2-3-27）。

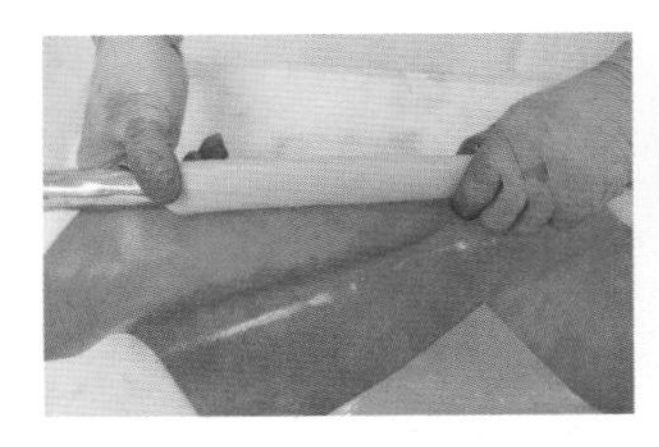

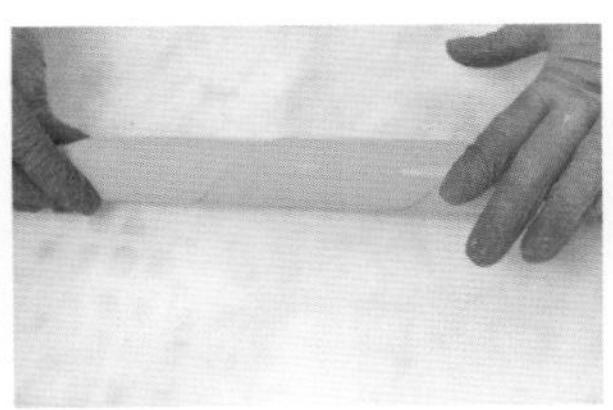

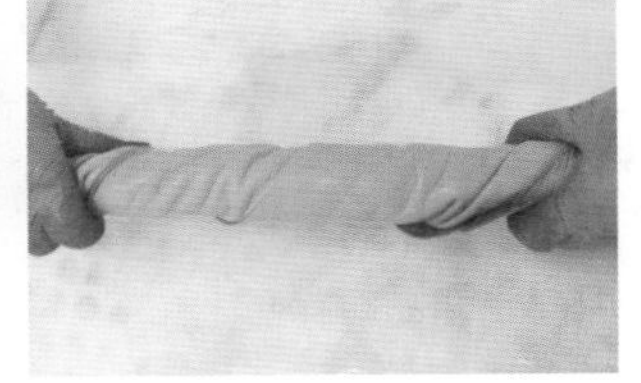

图2-3-27 缠绕皮革

2. 捆扎

一只手握住扭紧的皮革，另一只手用细绳线从左到右将皮革捆扎。为了保证染色之后能显现出线的痕迹，应当捆扎得紧实一些。捆扎前注意预留出一段20cm左右的线，以便于最后打结（图2-3-28）。

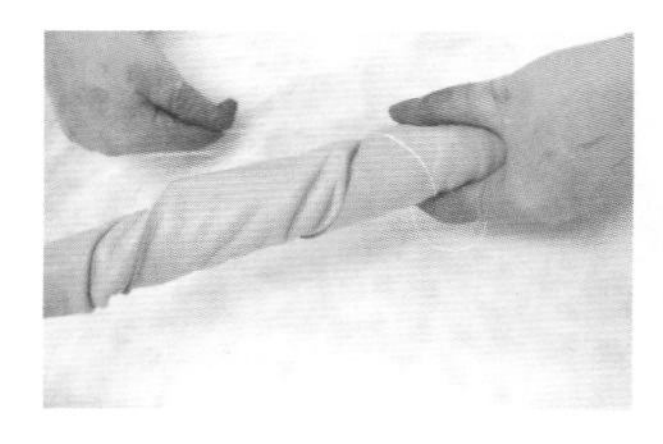
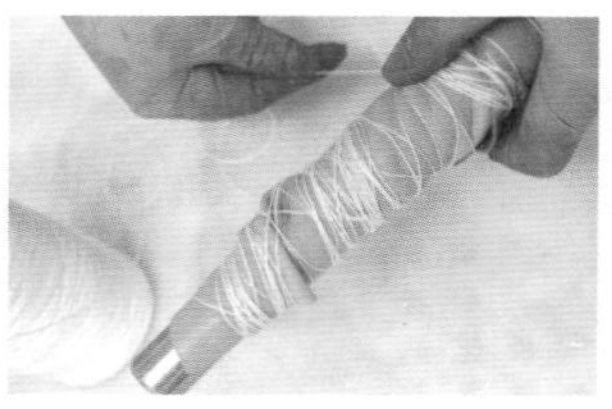

图2-3-28 捆扎

3.染色

用羊毛排刷蘸取蓝色的酒精染料对主要的部分进行大面积染色，每隔一段空隙染色一次。染色过程中注意由浅入深、多角度地反复染色。然后用羊毛球刷蘸取黄色的酒精染料对剩下的部分进行小面积染色。随后再次用羊毛排刷对蓝色部分染色加深，并与黄色部分的边缘过渡出绿色（图2-3-29）。

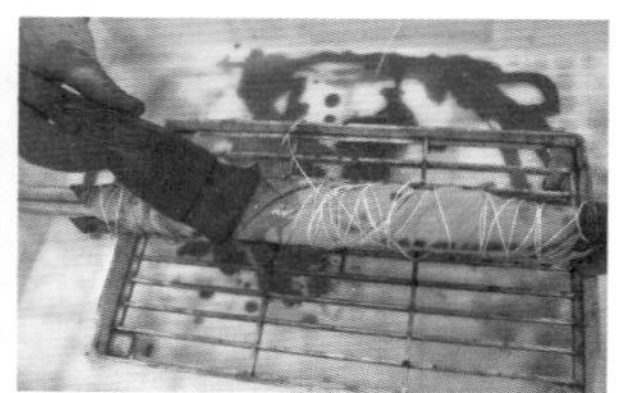

图2-3-29 染色

4.二次捆扎

挤干多余染料，剪开绳线展开皮革，可以看到其中一侧已经染好颜色而另一侧没有。反面朝上，用与之前相同的方法将已经染好颜色的一侧卷进不锈钢管，没染色的一侧在外，包裹住不锈钢管，扭出褶皱，并按照与之前相同的方法用绳线捆扎（图2-3-30）。

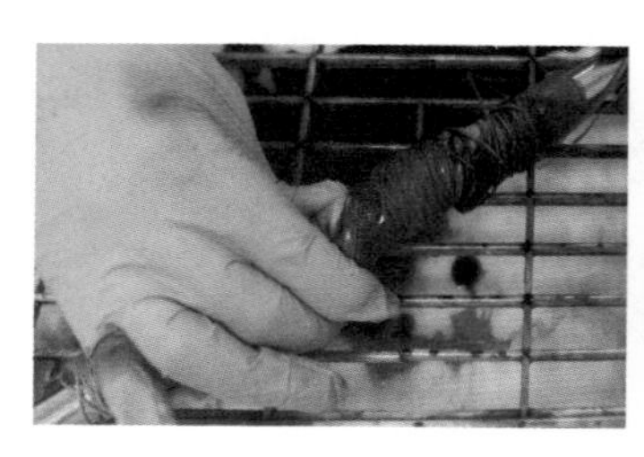

图2-3-30 二次捆扎

5.二次染色

按照相同的染色方法，先用羊毛排刷染蓝色，然后用羊毛球刷染黄色，最后再次用羊毛排刷对蓝色部分染色加深，并与黄色部分的边缘过渡出绿色。染色过程中注意变换角度，并按压和揉捏，以便于皮革对染料的充分吸收。最后挤干多余染料，解开绳线展开皮革，查看效果（图2-3-31）。

图2-3-31　二次染色

6.最终成品图（图2-3-32）

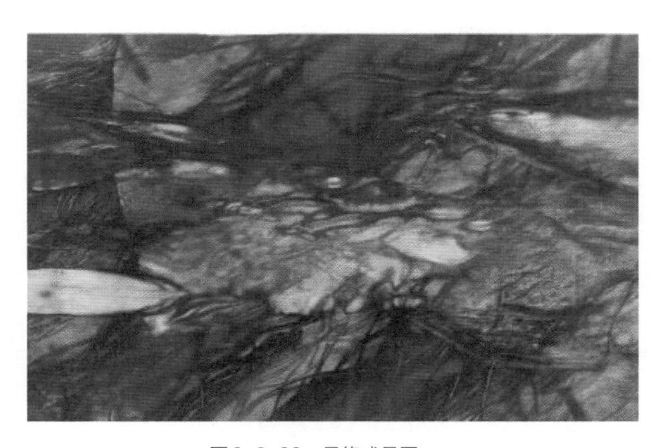

图2-3-32　最终成品图

（二）案例二：小幅卷压染法

1.缠绕皮革

同上一个案例方法相同。准备一块长方形皮革，用水浸湿反面朝上，用不锈钢管将皮革滚起紧紧包裹住，两手朝相反方向将皮革扭转出一定的褶皱（图2-3-33）。

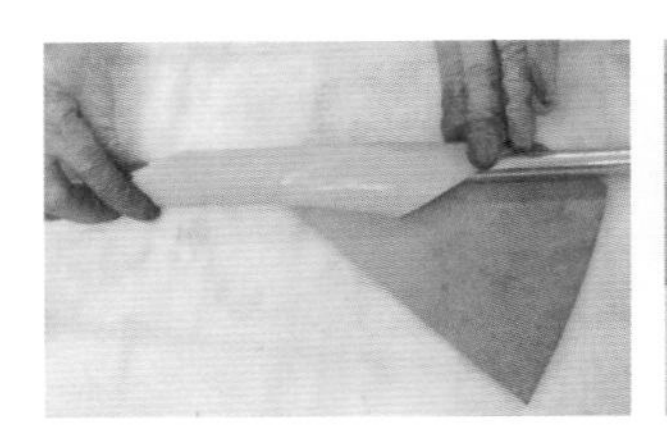
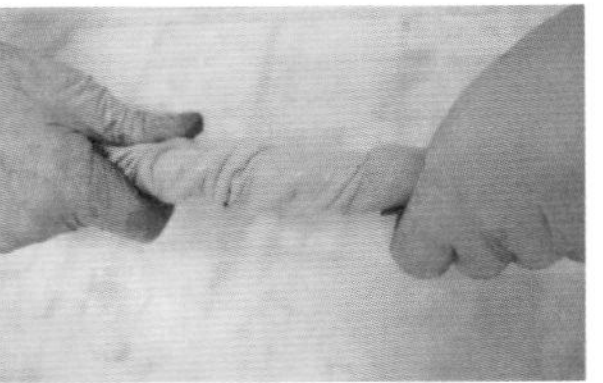

图2-3-33　缠绕皮革

2. 捆扎

以同样的方法用细绳线从左到右将皮革捆扎。注意捆扎力度并预留出一段绳线，以便于最后打结（图2-3-34）。

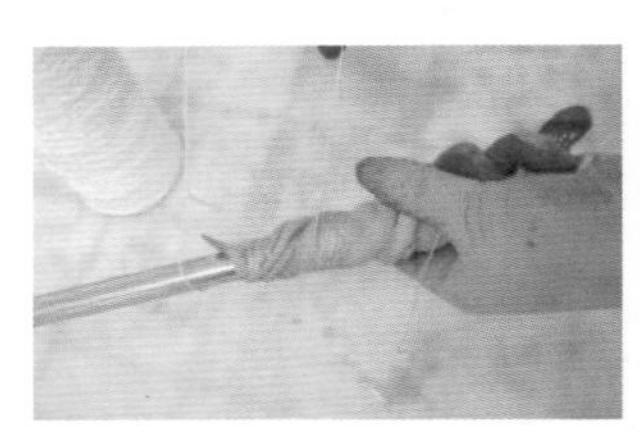
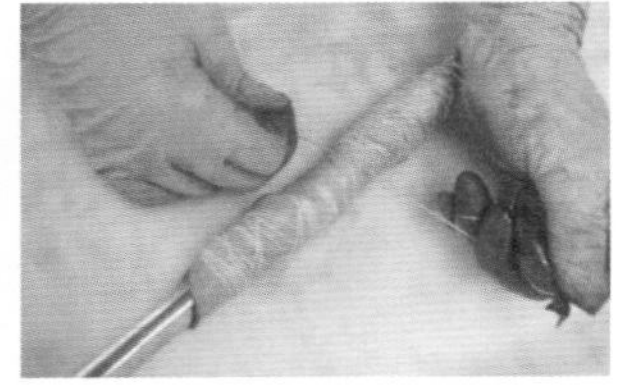

图2-3-34　捆扎

3. 染色

由于这次的皮革相对上一个案例的较小，所以使用羊毛球刷蘸取蓝色的酒精染料每隔一段空隙染色一次。在染色过程中注意由浅入深、多角度地反复染色。然后蘸取黄色的酒精染料对剩下的部分进行染色。随后再次用羊毛球刷对蓝色部分染色加深，并与黄色部分的边缘过渡出绿色（图2-3-35）。

图2-3-35　染色

4. 二次染色

挤干多余染料，解开绳线展开皮革，查看效果。用羊毛排刷蘸取蓝色的酒精染料对皮革上没有染上颜色的部分由浅入深地染色，并用羊毛球刷对局部反复染色，直到达到预想的效果为止（图2-3-36）。

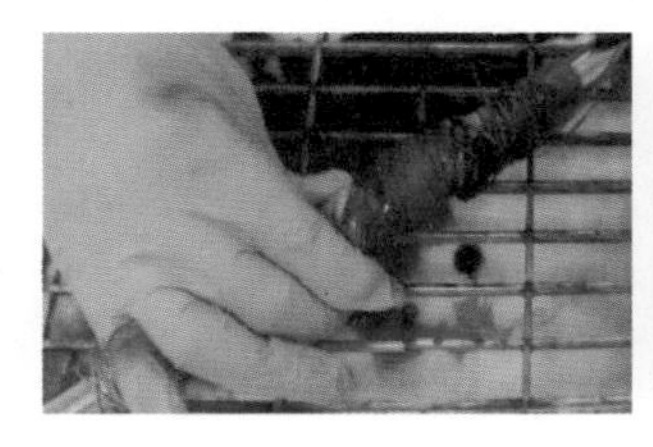

图2-3-36　二次染色

5. 最终成品图（图2-3-37）

图2-3-37　最终成品图

第三章 皮革蜡染

蜡染是一种古老的防染工艺，皮革手工蜡染同样也属于防染工艺，通过蜡这一防染剂，在皮革表层形成色差和肌理，从而获得一种特殊的视觉艺术效果。这种工艺处理过的皮革材料有独特的冰裂纹外观，风格鲜明，且其他工艺方法无法模仿（图3-1）。

图3-1　皮革蜡染作品

第一节　皮革蜡染材料与工具

一、皮革蜡染材料

皮革蜡染所需材料与工具如下（图3-1-1）。

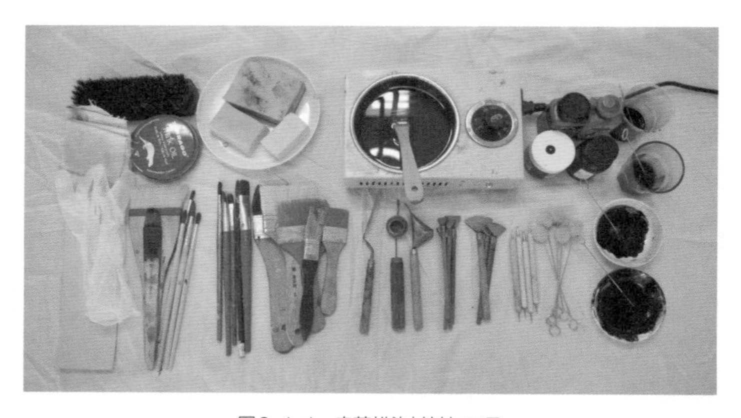
图3-1-1　皮革蜡染材料与工具

（一）皮料

原色、白色植鞣革（第一章第一节已介绍）。

（二）蜡、松香

蜡是皮革蜡染工艺中必备的材料，常用的有石蜡、蜂蜡、松香（图3-1-2）。石蜡是矿物合成蜡，为白色透明固体，熔点较低，为58~62℃，黏性较小，容易形成裂纹，也比较容易脱蜡，是画蜡的主要材料。蜂蜡，取自蜜蜂的蜂巢，为黄色透明的固体，熔点略高于石蜡，为62~66℃，黏性很强，且不容易碎裂，常应用于蜡染过程中绘制线条，其产生的裂纹较少。松香主要来自松树的松脂，它的作用主要是增加小的冰裂纹，用量要少，否则蜡会过于碎裂和剥落。石蜡、蜂蜡、松香三者之间的调配比例为6:3:1，可根据蜡染的预期效果调整三者之间的比例关系。蜡可以反复使用，但是已经使用过的蜡会带有颜色（图3-1-3），所以每次加入已使用蜡的比例不宜过高，一般控制在10%比较合适。

图3-1-2　石蜡、蜂蜡、松香

图3-1-3　已使用过的蜡

二、皮革蜡染工具

（一）熔蜡工具材料

熔蜡的方法有很多种，如恒温熔蜡法、直接熔蜡法和间接熔蜡法等。

恒温熔蜡法是较为理想的方法，一般可以用温度调节器来控制温度，它可以有效解决蜡温过高的问题（图3-1-4）。直接熔蜡法较危险，是将蜡锅放在火上熔蜡，火力大小直接影响蜡液的温度，且蜡温不太稳定，会对蜡染效果产生影响：蜡温过低时蜡液的附着力小，容易剥落，蜡温过高则蜡液容易烫伤皮革材料。在恒温条件不具备的情况下间接熔蜡法是比较好的选择，选择一大一小两个容器，大容器内注入一定量水，小容器内放入蜡，将盛蜡的小容器放入盛水的大容器内，借助水的恒温性热传导将蜡隔水熔化，为了防止小容器在盛有水的大容器内上下翻动，

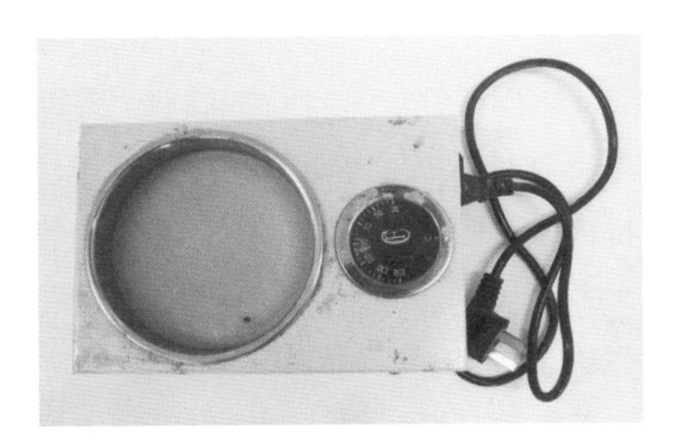

图3-1-4　恒温熔蜡器

可在小容器底部加一块小石头，这既能够稳定蜡锅，又方便后续画蜡。

调蜡（图3-1-5）。

图3-1-5　调蜡

（二）绘蜡笔

1. 画笔

选择毛质较硬且弹性较好的狼毫、鼠须等材料制作的毛笔，或者是较硬挺的尼龙画笔，根据笔锋尺寸的不同可分为大、中、小号，既可以绘制大面积图案，也可以绘制细节部位。除上述画笔之外，还有许多其他材质的画笔也可以用来绘蜡、封蜡，如呢绒笔等（图3-1-6）。

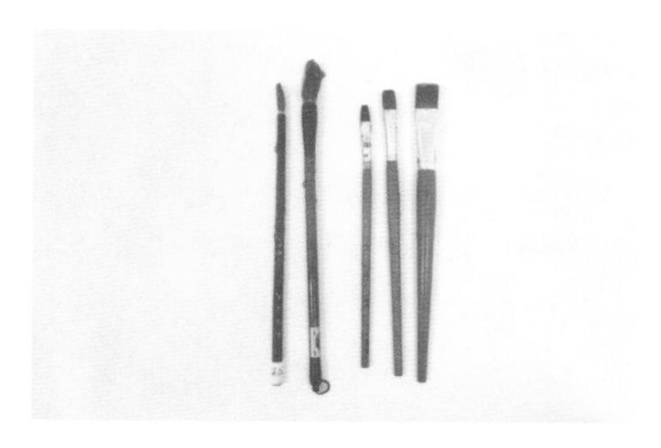

图3-1-6　各种绘画笔

2. 排刷

选择毛质较硬的猪毛刷，刷头的宽度有大有小，适合大面积封蜡（图3-1-7）。

3.专用画蜡笔（蜡刀、蜡壶）

图3-1-7　排刷

蜡刀在我国少数民族地区较为常见，造型有三角形、扇形、船形等，一般由铜或者铝手工打造，将数片铜片或者铝片并夹而成，其原理如同鸭嘴笔，蜡液沿着夹缝流出，铜或铝导热性好、易保温。蜡刀的厚度和片数也有不同，片数少的只有1片，厚度不足0.1cm；片数多的有七八片，厚度在0.5cm左右。刀口的宽度差别也较大，窄的不足1cm，宽的可达到10cm以上。蜡刀适合点和线条，片数少较薄者适合绘制细线和细腻图案，片数多较厚者适合绘制粗线和粗犷的图案（图3-1-8）。

蜡壶是一个壶状盛蜡容器，壶嘴尖细且粗细不同，用其画蜡方便且容易控制蜡线的粗细，在东南亚、印度等地区运用得较为广泛（图3-1-9）。

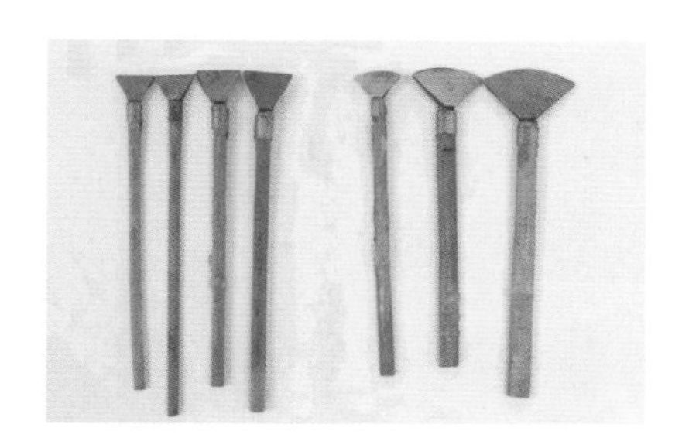
图3-1-8　蜡刀

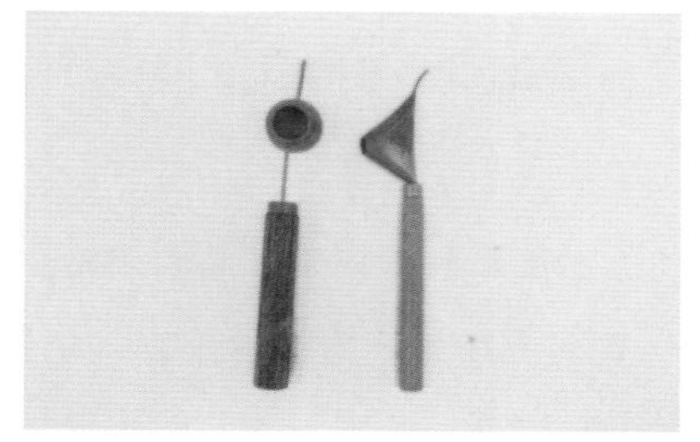
图3-1-9　蜡壶

（三）剥蜡工具

刮刀是常见的油画绘画工具，在此用作剥离皮革表面已凝固蜡的工具，尖头刮刀较为常用，以防止在剥蜡过程中伤害到皮革表面（图3-1-10）。

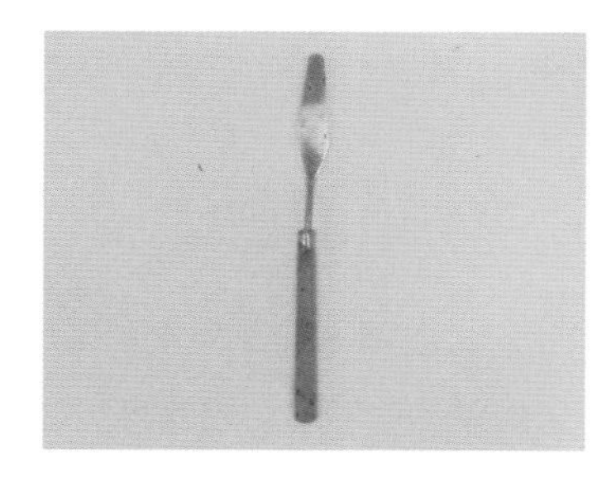
图3-1-10　刮刀

（四）其他工具

高密度吸水海绵（用于打湿皮革或者大面积涂抹染料）、盘（盛放水或染料）、橡胶手套（保护手）、杯子（盛放液体染料）、棉签、剪刀等。

第二节　皮革蜡染基础工艺

皮革蜡染是通过蜡这一防染剂，在覆盖了蜡层的皮革浸入染液时，蜡面阻止染料的吸附，形成色差，从而获得一种特殊艺术效果的防染工艺，这种工艺处理过的皮革材料有着独特的外观，风格明显，且其他工艺无法模仿。

一、皮革蜡染制作前准备

（一）图案设计与构思

皮革蜡染图案的设计与构思应根据皮革蜡染工艺的特殊性出发，图案的整体性要强，要易于绘制；结构性不宜太复杂，画面须简洁明快，适合抽象化的处理手法（图3-2-1）。

图3-2-1 “笔刷法”设计构思图

（二）裁剪皮料

使用裁皮工具（皮革剪刀或者裁皮刀）裁剪出面积适合的原色植鞣革。

二、皮革蜡染的基础制作

（一）打湿植鞣革

用高密度吸水海绵吸水后，将植鞣革正面的皮革表层均匀打湿。一方面可以使后面的染色均匀，另一方面可以使后面剥蜡时相对容易剥落（图3-2-2）。

（二）着底色

图3-2-2　打湿植鞣革

根据蜡染的设计稿，用画笔或者刷子、羊毛球刷，用皮革专用油性染料在皮面上绘制底色。如果底色为单色相对比较简单，如果是多种颜色，应注意色彩之间的关系，如蓝色和黄色混合时会变成绿色等情况。一般在着底色时会选择浅色调或者中间色调（图3-2-3）。

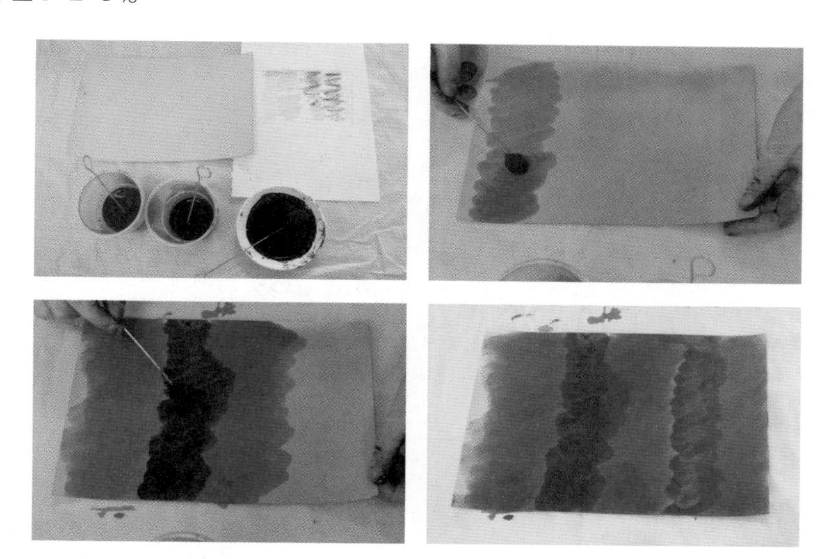

图3-2-3　着底色

（三）熔蜡

将固体石蜡、蜂蜡、松香，按照所需比例（6∶3∶1）放在熔蜡器里加热，直至熔化成液态，温度控制在70℃左右比较适宜。蜡液温度过高容易烫伤皮革，使皮革的颜色呈现焦黄色；蜡液温度过低则绘制时会过早凝固，不易绘画，起不到封制的效果（图3-2-4）。

（四）封蜡

将已经熔化好的液态蜡，用笔、刷等工具，绘制在预先设计好的位置上，蜡的厚薄会影响到蜡染的整体效果，过厚或者过薄蜡皆容易剥落，无法达到封闭的目

图3-2-4　熔蜡

的，从而影响蜡染的效果。封蜡时最好一次成型，反复涂蜡会导致在后期制作过程中出现剥落的情况。封蜡不用拘泥于工具的限制，不同的工具、不同的封蜡方式都会呈现不同的蜡染效果（图3-2-5）。

图3-2-5　封蜡

（五）制作蜡纹

蜡纹是皮革蜡染工艺的一个标志特点，在制作时，蜡的碎裂可以在无意中形成，也可以人为地通过挤压、揉搓等方式制作出这一特殊的肌理。将已经封过蜡的皮革材料反面朝上放置，用手指轻轻揉搓皮革材料反面至蜡出现裂纹，若效果未能达到预期，也可以用手轻轻掰裂，直至蜡纹达到预期的效果（图3-2-6）。

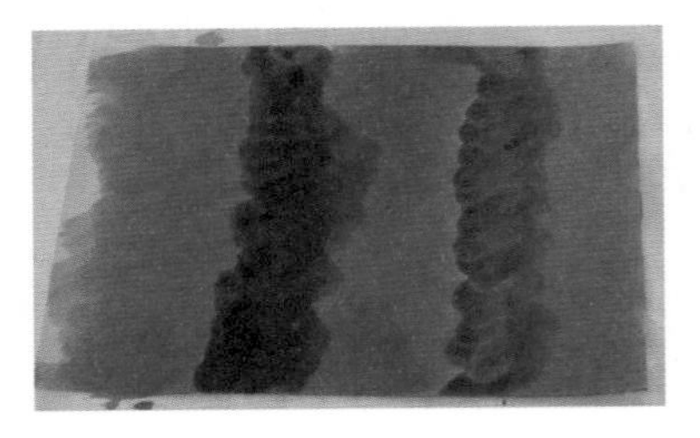

图3-2-6　制作冰裂纹

（六）再染色

用羊毛刷蘸取颜色较重的染料涂抹在封过蜡的皮革表层，可以反复涂抹，以使染料更好渗透，形成比较清晰的纹理。因为蜡有一定的厚度，所以在染色时需要轻轻地掰开纹理检查染料是否渗透到皮革表层，如果染色效果不理想，可以多次染色或者用手指揉搓，直至染料渗透到皮革材料表面。再次染色完成后，停留10min左右，让染料渗透进皮料，进行固色，然后再进行下一个步骤（图3-2-7）。

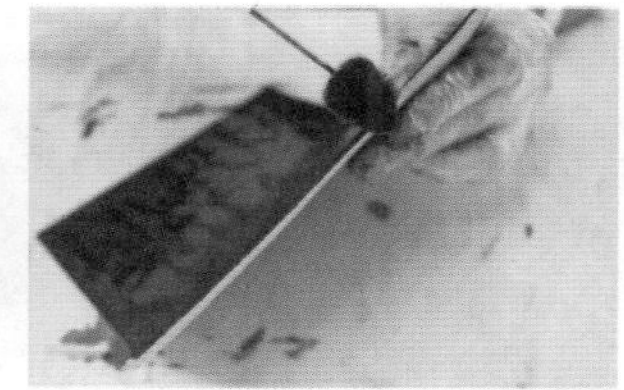

图3-2-7　再染色

（七）去浮色

用帆布轻轻擦拭，将表面的浮色去掉，以免在后续的步骤中颜色相混，导致颜色变脏，影响蜡染的画面效果（图3-2-8）。

图3-2-8　去浮色

（八）去蜡

先用手将大块的蜡剥离皮革表面，因为前面已将皮革材料的表面打湿，在剥离时会比较轻松，若在没有打湿皮革的情况下封蜡，在剥离时则会比较困难（图3-2-9）。小面积的区域用刮刀轻轻将蜡剥离掉即可，在剥蜡时须注意不要过于用力，以免伤害到皮革表面，形成刮痕。

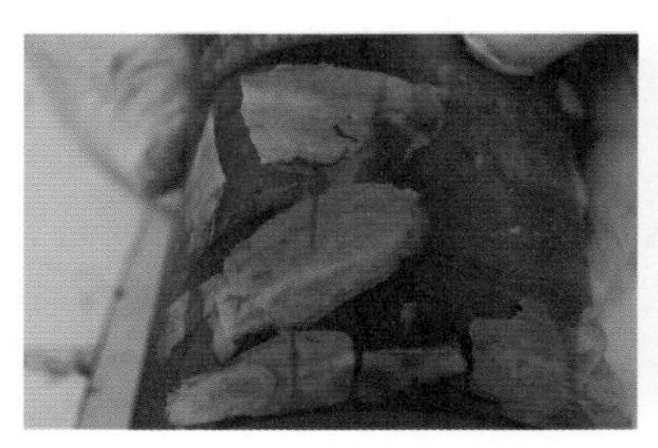
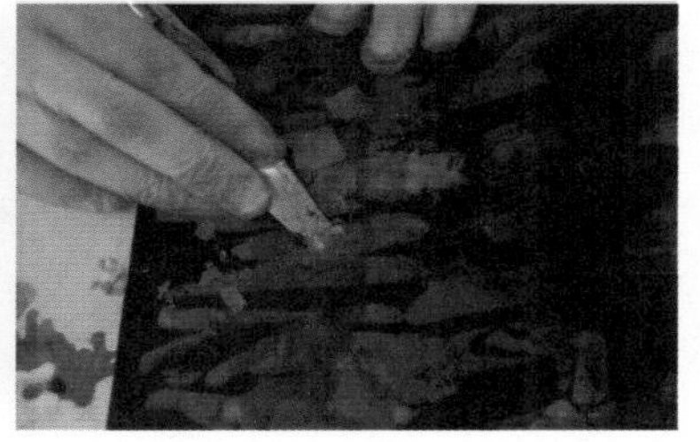

图3-2-9　去蜡

（九）后整理（打磨、抛光、保养）

剥蜡完成后会有少量的蜡附在皮革材料表面，而蜡可以与皮料很好地结合，还可以起到防水的作用，所以用帆布打磨均匀即可。再用猪毛鬃刷蘸取少量貂油涂抹在已经染好的皮革材料之上，可以达到保养的作用（图3-2-10）。

图3-2-10　打磨、抛光、保养

三、冰裂纹及制作

冰裂纹是蜡染特有的一种效果，如同冰面上碎裂的纹路，有着独特的韵味和美感。起初，蜡纹的碎裂是在制作时无意中产生的，属于蜡染过程中的一种自然现象，现在也可以人为制作这一美丽的肌理，适当控制、精心布局，能为皮革蜡染作品增色不少。

冰裂纹的产生与石蜡、蜂蜡、松香三者之间的使用比例有关。松香配比的多少直接影响蜡染后冰裂纹的大小，在皮革蜡染中小比例的松香可以增加小的冰裂纹；如果要减少冰裂现象，可以适当增加蜂蜡的比例。三者常用的调配比例为6∶3∶1。

常用的冰裂纹制作方法如下。

（一）自然冰裂法

蜡液凝固后，受到温度、环境的影响，会自然碎裂开形成无规律的冰纹造型，冰裂的大小与温度、触碰的力度以及蜡液的比例有关，因此冰裂的位置不易控制。

（二）揉捏冰裂法

将封好蜡的皮革材料反面向上放置，在需要制作出冰裂纹的部位，用手指轻轻地揉搓、皱捏，使蜡层龟裂，出现裂纹，如果没有达到预期的冰裂效果，可以多次反复揉捏。

（三）捶打冰裂法

将封好蜡的皮革材料稍微揉皱，再用手指关节轻轻地捶打，使蜡层龟裂，出现裂纹。与揉捏冰裂法相比，捶打冰裂法更易于控制。

第三节　皮革手工蜡染技法

皮革蜡染使用不同的工具和绘制方法可以得到不同视觉效果的画面，可以抽象粗犷，也可以精致唯美，画面效果多样且丰富多彩。在此总结了以下4种方法：笔、刷绘蜡法；蜡刀、蜡壶画蜡法；刮蜡、刻蜡法；滴蜡法。

一、笔、刷绘蜡法

选择画笔和毛刷绘制是皮革蜡染工艺中最常用、最方便的一种方法，易于掌握，适合初学者学习。制作者可选择毛质比较硬挺的画笔或毛刷，根据所设计的内容在皮革材料上画蜡，此种方法得到的画面效果非常多样，整体风格抽象粗犷。此种方法的步骤在上文第三章第二节中已有描述。

二、蜡刀、蜡壶画蜡法

蜡刀画蜡法是传统的绘制方法，利于画线，是用蜡刀蘸取熔化的蜡液在皮革上绘制各式图案。根据蜡刀的厚度和片数可以绘制出各种粗细的线条，但蜡刀蓄蜡量少，因此绘制出的线条略短一些。此外，还有一种传统绘蜡工具蜡壶，它比较适合长线条与点的绘制。这种方法绘制的画面的效果较为精致。

蜡刀、蜡壶画蜡法的基本步骤与上述（第三章第二节）蜡染制作步骤一致，不同之处在于封蜡的工具不是笔、刷，而是蜡刀、蜡壶，它可以绘制各种图案。

（一）案例一：以蜡刀为例

1.打湿植鞣革

2.绘制图案

在植鞣革正面用刻线笔绘制出事先设计的图案，注意绘制的力度，能够看清轮廓线即可（图3-3-1）。

图3-3-1　绘制图案

3.熔蜡、封蜡

将已经调配好的固体蜡用恒温熔蜡器熔化，再用蜡刀蘸取蜡液，沿着绘制的轮廓线进行绘蜡封蜡，注意控制蜡刀的走向。蜡刀蘸蜡储蜡量较少，画长线条较困难且绘制速度较慢（图3-3-2、图3-3-3）。

图3-3-2　熔蜡、蘸取蜡液

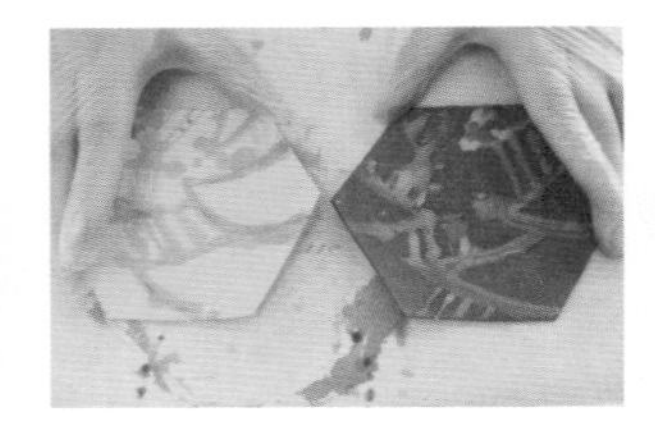
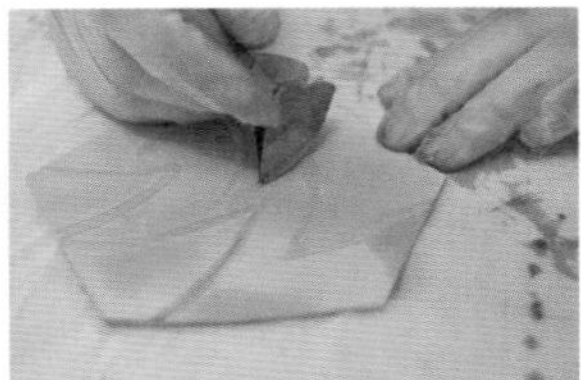

图3-3-3　绘蜡、封蜡

4.上色

用羊毛球刷蘸取蓝色的油性染料，从皮革材料边缘开始，用打圈的方式反复均匀地涂满整片皮革材料的正面（图3-3-4）。

图3-3-4　上色

5.去蜡

固色后，用手指轻轻地将皮革表层的蜡液剥离，小块的蜡可以用刮刀小心细致地剥离下来（图3-3-5）。

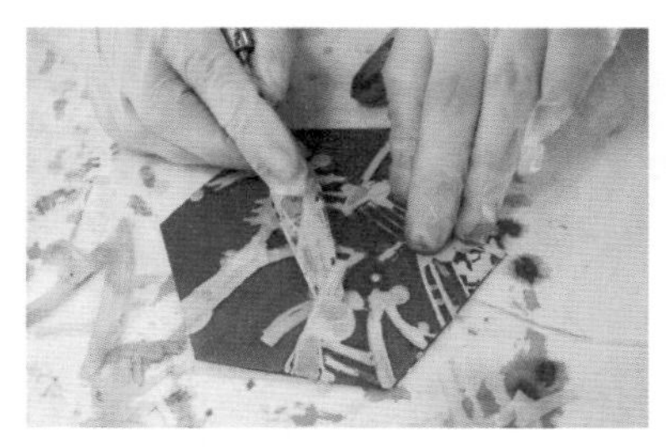
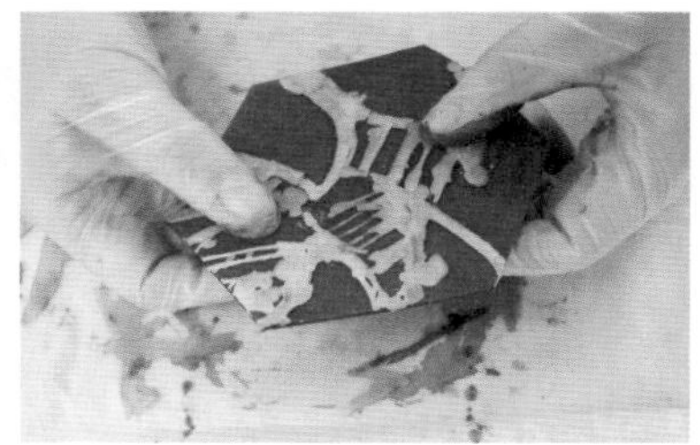

图3-3-5　去蜡

6.最终效果图（图3-3-6）

图3-3-6　蜡刀效果图

（二）案例二：以蜡壶为例

1.打湿植鞣革

2.着底色

用羊毛球刷蘸取蓝色的油性染料，用打圈的方式反复涂满整片皮革材料的正面（图3-3-7）。

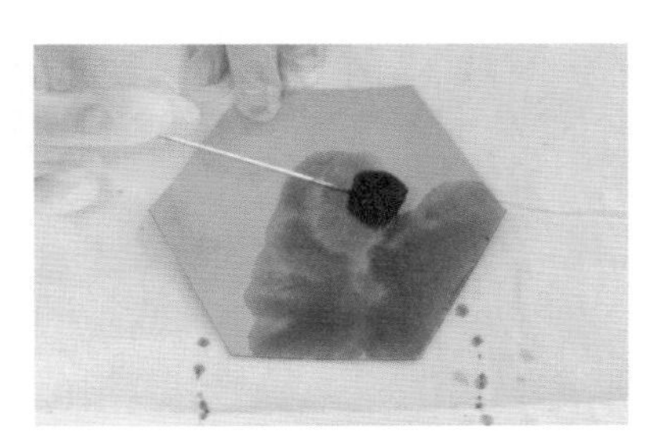
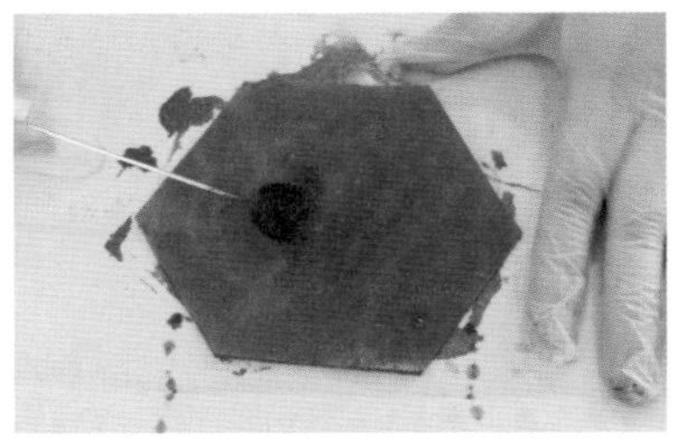

图3-3-7　着底色

3. 绘制图案

将设计好的图案，用刻线笔绘制在皮革材料的正面，若无刻线笔可使用空墨签字笔。绘制出的轮廓线不必太深，只需在画蜡时能够看清线条即可（图3–3–8）。

图3–3–8　绘制图案

4. 熔蜡、封蜡

将配比好的固体蜡用恒温熔蜡器熔化，须将温度调至70℃左右并保持恒温。再用蜡壶蘸取蜡液，按照刻线笔绘制出的轮廓线绘蜡、封蜡（图3–3–9、图3–3–10）。

图3–3–9　熔蜡、蘸取蜡液

图3–3–10　绘蜡、封蜡

5. 再着色

蜡液凝固后，用羊毛球刷蘸取蓝色油性染料，以画圈的方式均匀地涂画在已经封好蜡的皮革材料表层。染好颜色后，等待10min左右，固色（图3–3–11）。

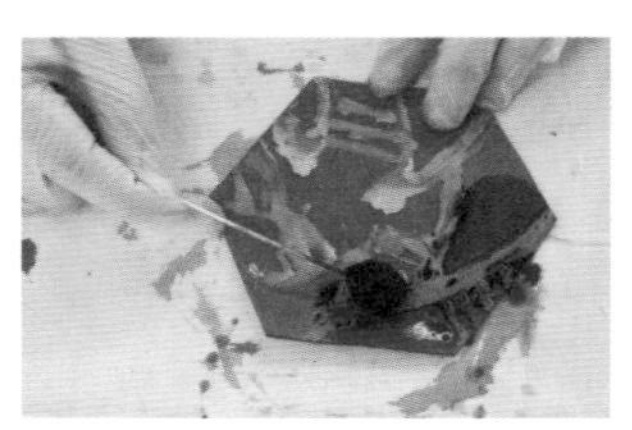

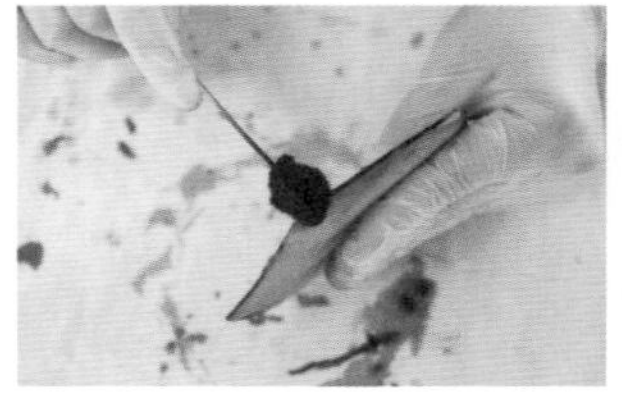

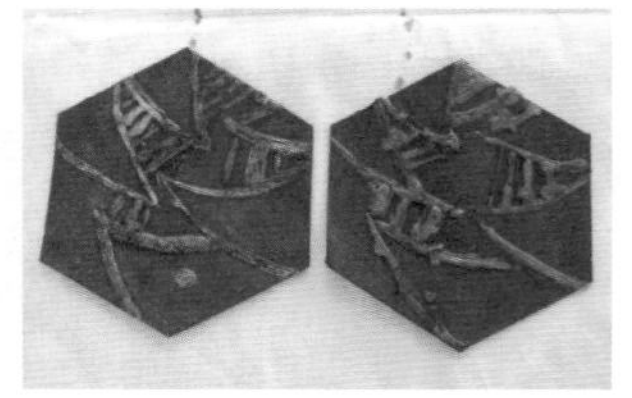

图3–3–11　再着色

6. 去浮色

固色后，用帆布轻轻地擦去皮革表层的浮色，以免后续的步骤中出现混色的现象（图3-3-12）。

7. 去蜡

将皮革轻轻对折，用手将皮革表层大块的蜡剥离，小块的蜡只需用刮刀轻轻地将其剥离即可。刮刀剥蜡时要注意力度，以免伤害到皮革表层，形成刮痕（图3-3-13）。

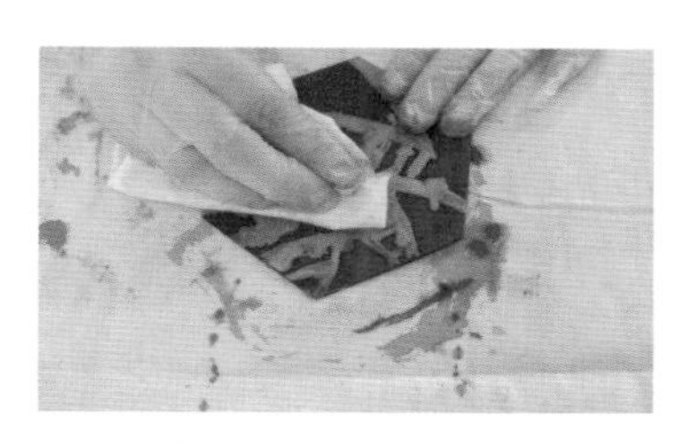

图3-3-12　去浮色

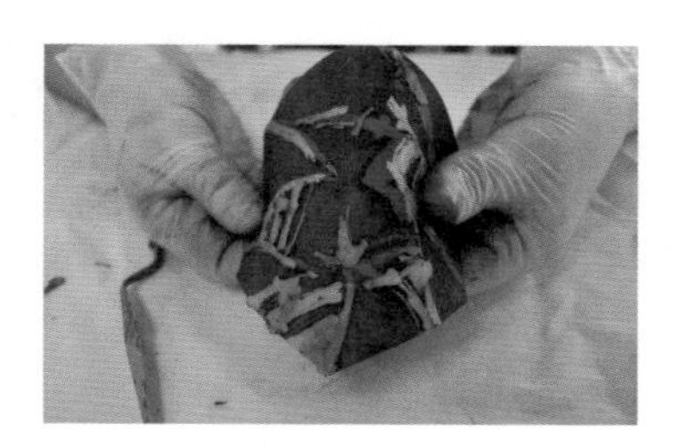

图3-3-13　去蜡

三、刮蜡、刻蜡法

刮蜡、刻蜡法指运用一些边缘圆润的刮刀或者其他工具，在封好蜡的皮料上刮、刻、画出肌理，然后进行染色的方法。使用这种方法可得到类似版画的画面效果。

（一）案例一

1. 起稿、备材

在白纸上设计起稿草图，应当根据蜡染中刮蜡、刻蜡法的特殊性进行草图绘制，其结构性不宜太过烦琐，适合抽象表达手法。事先将蜡染中所需要的酒精染料按色彩比例调配好，准备好工具（图3-3-14）。

图3-3-14　设计草图、备材

2. 打湿植鞣革

用高密度海绵将植鞣革表层润湿。

3. 着底色

根据设计的图稿，用画笔和羊毛球刷蘸取调配好的酒精染料在皮革材料上反复涂抹，应当注意色彩的浓淡、线条的粗细以及画面效果（图3-3-15）。

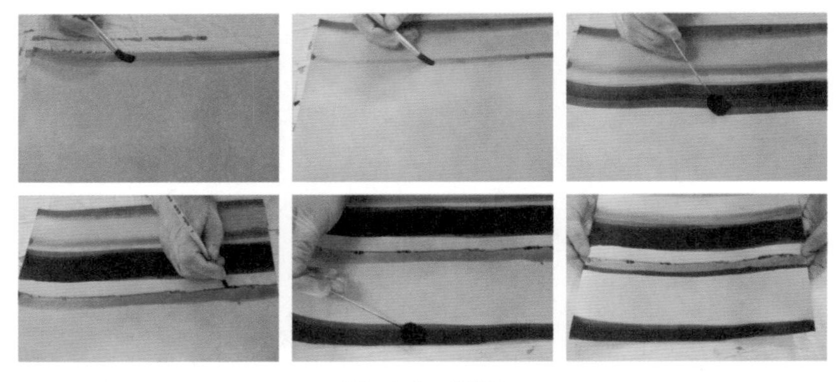

图3-3-15　着底色

4.封蜡

在底色渗透固色后，用恒温熔蜡器将固体蜡熔化，用排刷均匀地在皮革表层涂抹一层蜡液，等待10min，让蜡液凝固。蜡层不宜过厚或者过薄，以免影响封蜡效果（图3-3-16）。

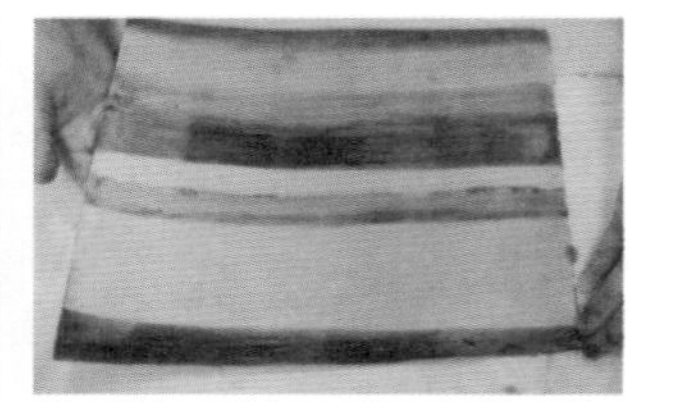

图3-3-16　封蜡

5.刮蜡、刻蜡

用刮刀或者其他利器，在封好蜡的皮革表层，按照设计稿，在需要的位置刻画出相应的线条和块面，在刻画时注意线条的疏密和粗细关系，以及控制好刻画力度，以免破坏皮革表层（图3-3-17）。

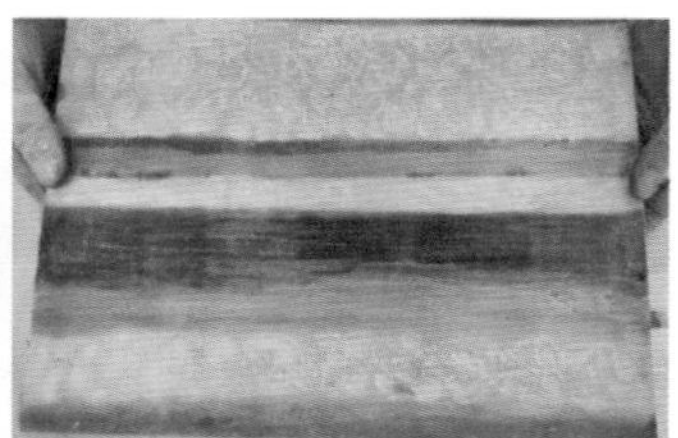

图3-3-17　刮蜡、刻蜡

6. 再着色

再着色与第一次着底色不同，需要在刮蜡、刻蜡的位置，以打圈的方式将染料反复涂抹均匀（图3-3-18）。

图3-3-18　再着色

7. 去浮色

待染料固色后，用帆布轻轻地擦去皮革表层的浮色（图3-3-19）。

图3-3-19　去浮色

8. 去蜡

将皮革材料按一定方向折叠挤压，蜡液在凝固后被折叠容易形成裂纹，又因为前期打湿过皮革，所以蜡相对比较容易剥落。剩下的一些小体积的蜡，则可以借助刮刀剥落（图3-3-20）。

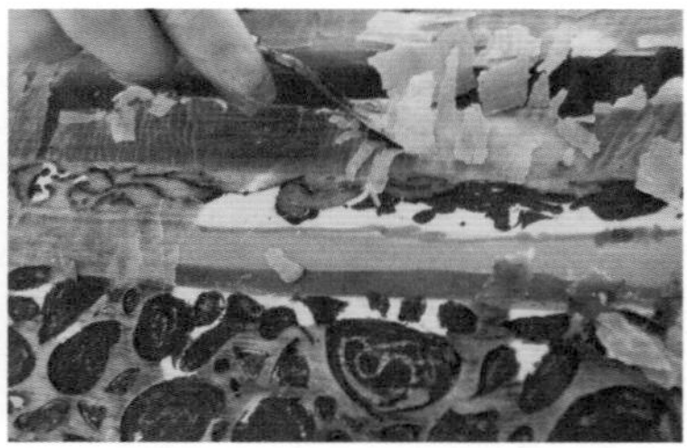

图3-3-20 去蜡

9. 最终效果展示图（图3-3-21）

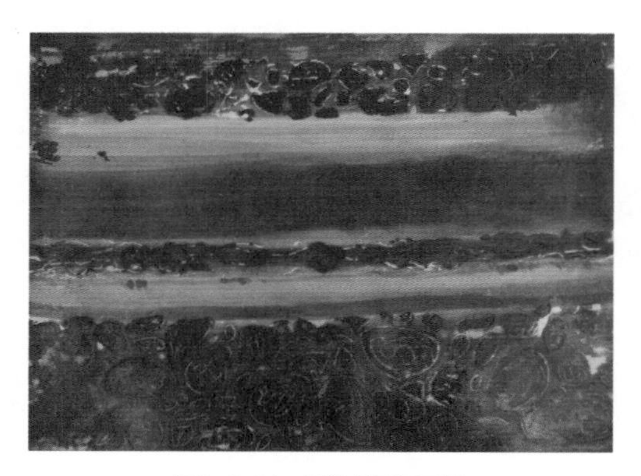

图3-3-21 最终效果展示图

（二）案例二

1. 起稿、备材

在白纸上绘制出自己想要呈现出的画面效果，设计草图应注意蜡染的特殊性，事先将需要的色彩按比例调配好（图3-3-22）。

图3-3-22 起稿、备材

2. 打湿植鞣革

用高密度海绵将皮革表层均匀打湿。

3. 着底色

用画笔和羊毛球刷蘸取染料，根据自己所绘制的设计稿草图，在植鞣革表层均匀涂抹，注意色彩的浓淡，先浅后深，可重复涂抹加深（图3-3-23）。

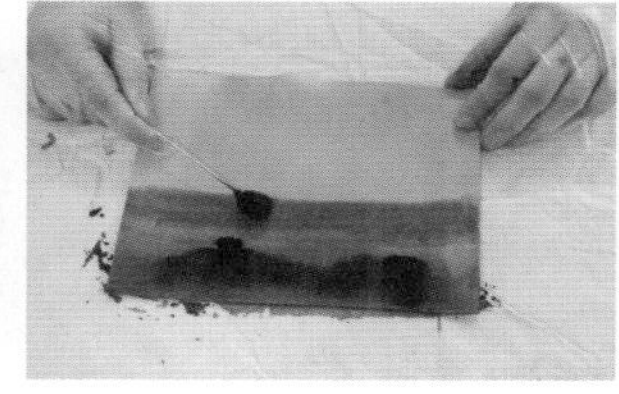
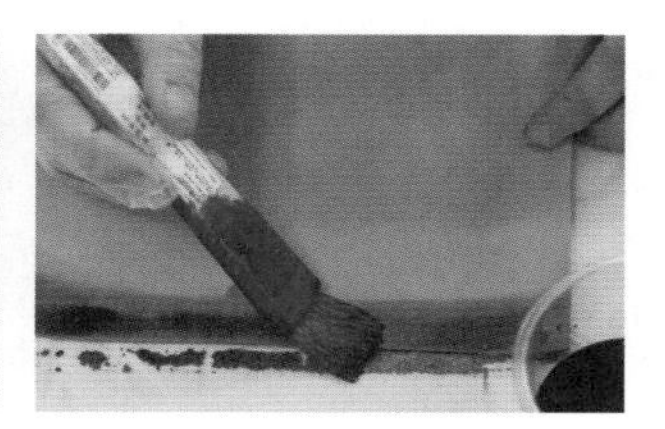

图3-3-23　着底色

4. 封蜡

染料渗透后，用恒温熔蜡器加热蜡液，将调配好的蜡液用排刷均匀地涂抹在皮革材料表层（图3-3-24）。

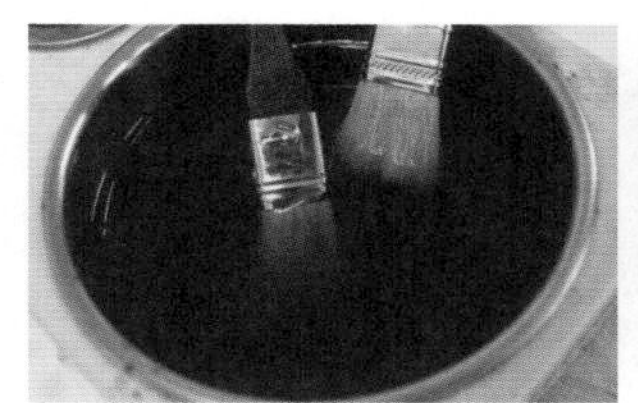
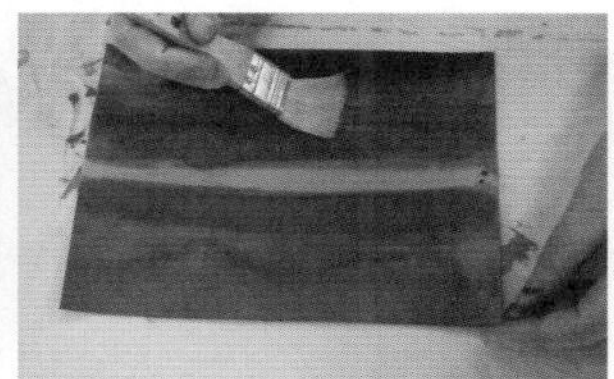

图3-3-24　封蜡

5. 刻蜡、刮蜡

在已经凝固的蜡液表层，根据所绘制的设计图，用刮刀或者其他尖细锋利的工具在凝固的蜡层上刻画。注重画面的主次疏密和线条的粗细关系（图3-3-25）。

图3-3-25　刻蜡、刮蜡

6. 再着色

在需要着色的部位，用羊毛球刷反复打圈上色，保证染料能够均匀地从被刮开的蜡层渗透进皮革表层（图3-3-26）。

图3-3-26　再着色

7. 去浮色

固色后，用帆布轻轻擦拭皮革表层多余的浮色（图3-3-27）。

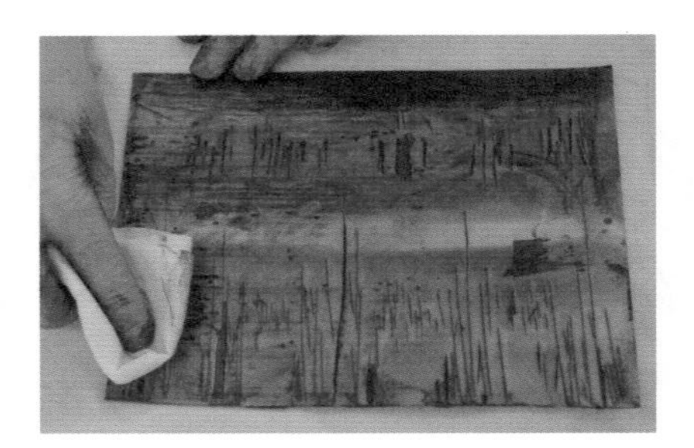

图3-3-27　去浮色

8. 去蜡

将皮革进行折叠，使蜡层碎裂开，可以全幅折叠，也可以局部折叠，剩余的蜡层再用刮刀剥落（图3-3-28）。

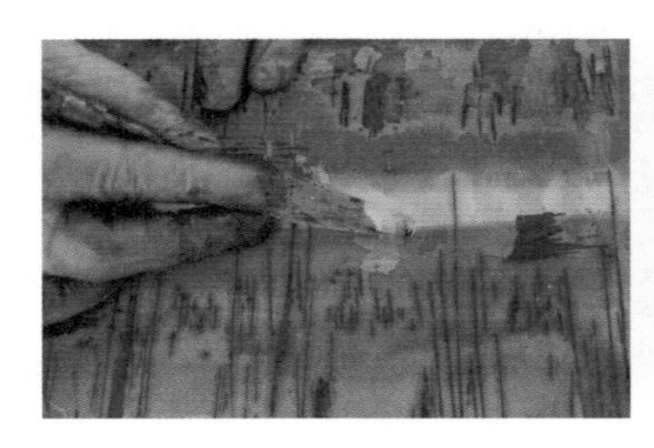 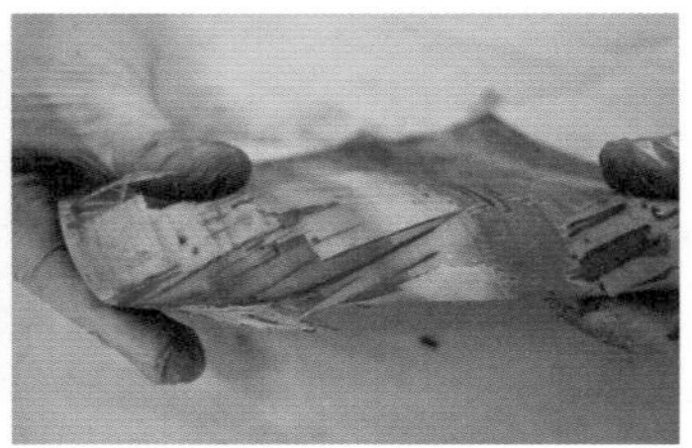

图3-3-28　去蜡

9.第三次着色（图3-3-29）

图3-3-29　第三次着色

10.去蜡（图3-3-30）

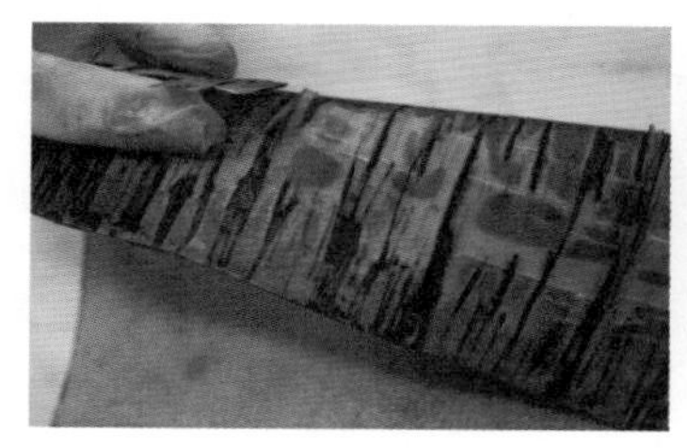

图3-3-30　去蜡

11.最终成品图（图3-3-31）

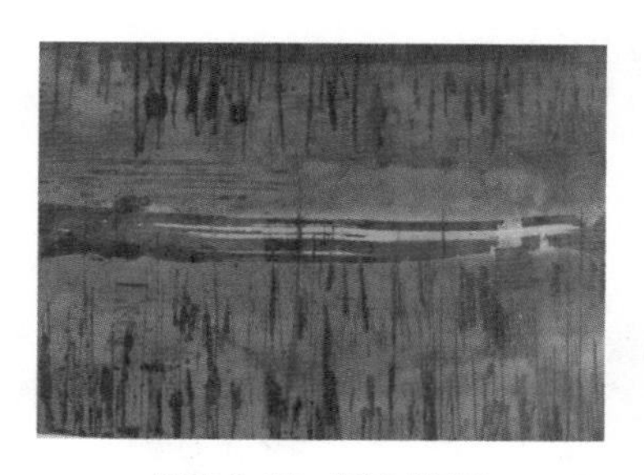

图3-3-31　最终成品图

四、滴蜡法

这是一种将蜡液滴在皮料上的制作方法，可以选择用笔或者刷子蘸取蜡液，然后洒在皮料上，形成细密的点状图案，也可以选择点燃蜡烛，将蜡液滴在皮革材料上形成花纹。

图3-3-32 起稿、备材

1.起稿、备材

在白纸上绘制出设计稿，将色彩提前搭配准备好（图3-3-32）。

2.打湿植鞣革

用高密度海绵将皮革材料润湿。

3.着底色

先用羊毛刷蘸取黄色、蓝色，根据第一章所讲的色彩搭配，黄色与蓝色的酒精染料组合会渗透出绿色，区分三者间的色彩主次，再根据绘制的设计稿，进行大面积底色涂抹（图3-3-33）。

4.滴蜡

用笔或者刷蘸取融化的蜡液，按照画面设计的效果，将蜡液滴在画面上，形成细密的点状花纹，也可以用笔蘸蜡后，笔刷间相互敲击，震动笔刷可以让蜡液更均匀地滴落在皮革表层（图3-3-34）。

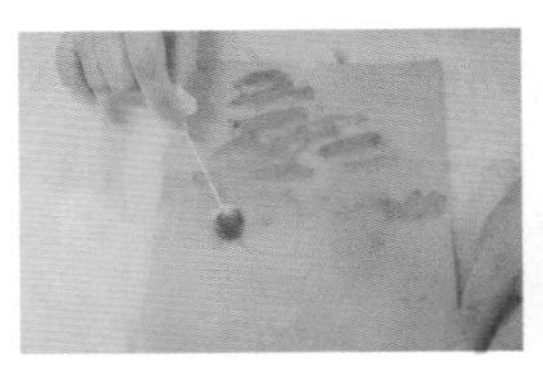
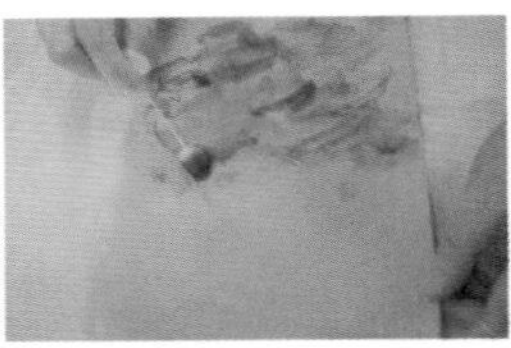
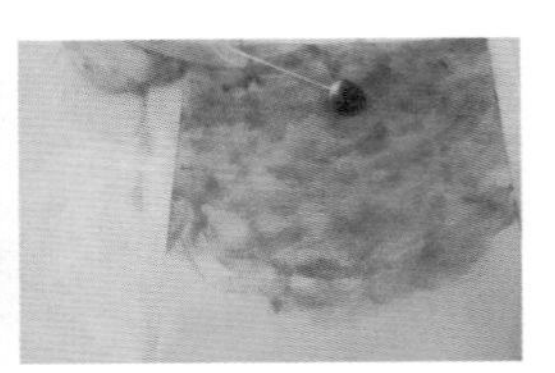

图3-3-33 着底色

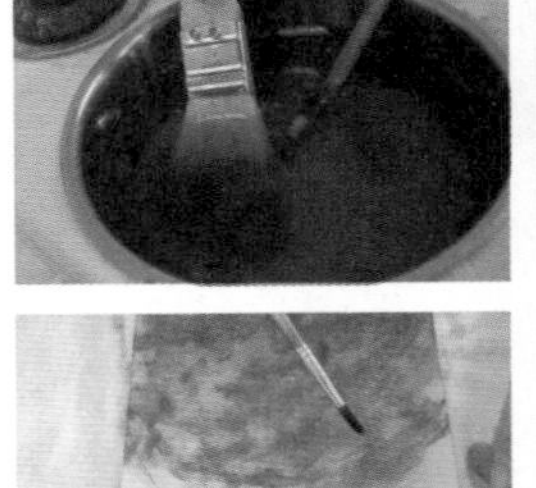
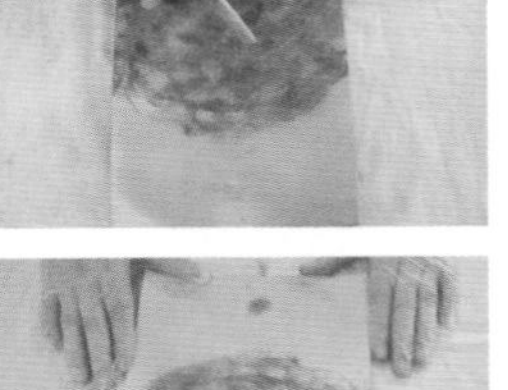
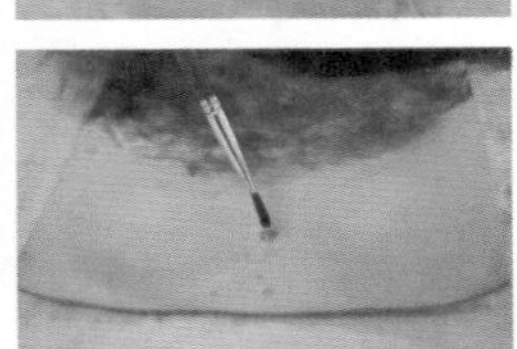

图3-3-34 融蜡、滴蜡

5. 再上色

蜡液凝固后，再次上色选择褐色酒精颜料，用羊毛球刷在皮革表层均匀涂抹颜色，为使色彩更加匀称，可以用帆布来染色，并在皮革边缘均匀地涂抹上色（图3-3-35）。

图3-3-35 再上色

6. 去蜡

将已经凝固的皮革材料弯折，蜡液凝结后会开裂，用手指将已经碎裂的蜡液剥离，剩下的蜡用刮刀轻轻刮下来（图3-3-36）。

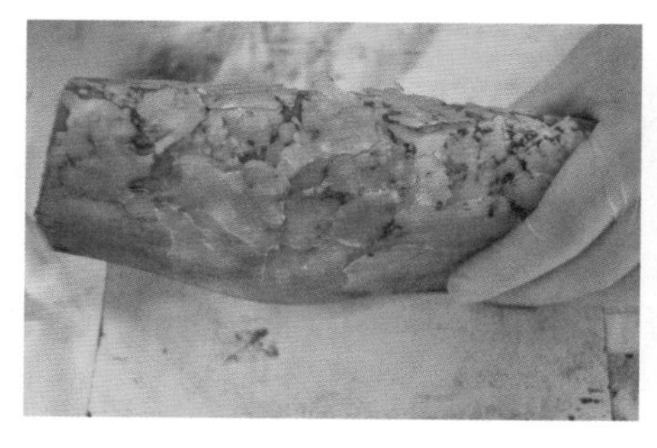

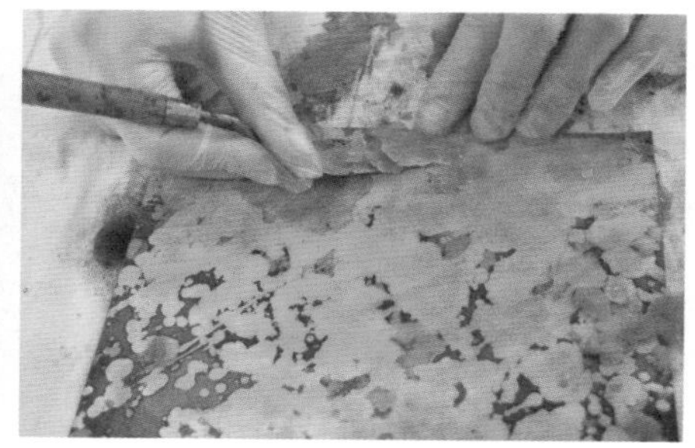

图3-3-36 去蜡

7.最终染色效果（图3-3-37）

图3-3-37　最终染色效果

第四章 皮革糊染和型版印染

皮革糊染，水与浆料混合，将染料滴入浆液，在浆液表层勾画图案，再将皮革表层覆盖在浆液上，数分钟后取下，图案就会印在皮革表层，而每一件糊染作品，受染色、勾画力度、勾画方向等因素的影响，呈现出的效果都是独一无二的。

皮革型版印染，重点在于版，模版的选择千变万化，不同造型、不同纹理的模版所印染出效果也各不相同，具有极高的可玩性（图4-1）。

图4-1　皮革糊染作品

第一节　皮革糊染材料与工具

一、皮革糊染材料

皮革糊染所需的材料如下（图4-1-1）。

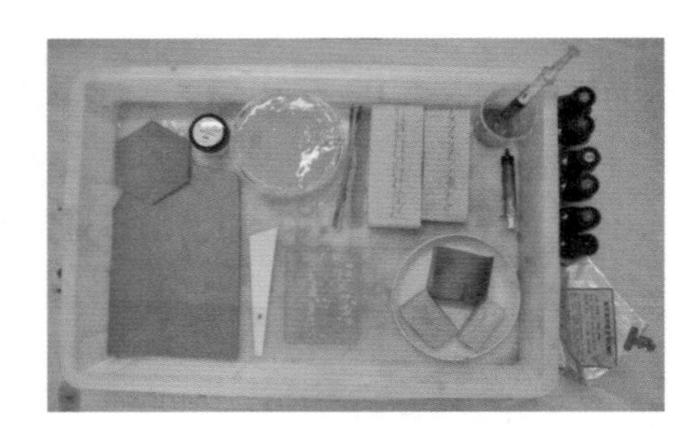

图4-1-1　皮革糊染所需的材料

1.原色、漂色植鞣革（第一章第一节已介绍）

2.皮革专用盐基染料（第一章第二节已介绍）

3.CMC粉或糊染剂

CMC粉是羧甲基纤维素。羧甲基纤维素（carboxymethyl cellulose）是一种常用的食品添加剂，其钠盐（羧甲基纤维素钠）常用作黏稠剂、糊料。在手工皮革糊染中，CMC粉能够增加糊染的黏稠度，使其更容易地附着在皮革表面，更好地渗透到皮革中，从而提高皮革糊染对染料的吸收率和均匀度，提高皮革糊染的稳定性（图4–1–2、图4–1–3）。

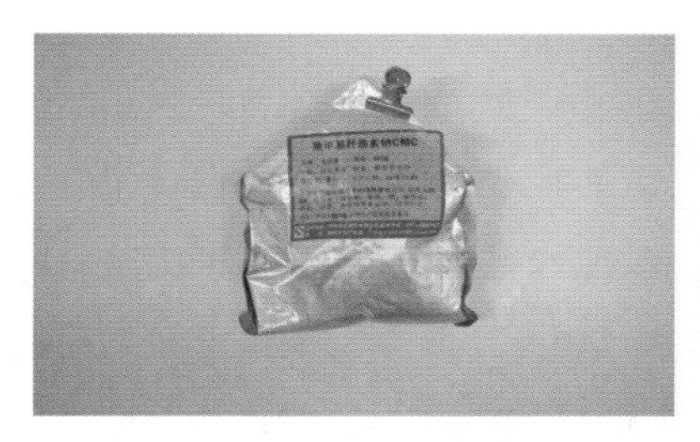

图4–1–2　CMC粉

图4–1–3　糊染剂

二、皮革糊染、型版印染工具

（一）花纹工具

1. 自制长梳

将两柄大小相同的梳子头尾相连，在皮革糊染中，使用自制长梳可以增加花纹绘制的面积（图4–1–4）。

2. 海绵、牙签

将牙签垂直插入海绵中，呈纵向排列，功能与上述自制工具——长梳的功能相同，主要用于花纹绘制，与之相比，海绵、牙签的组合使用更加灵活方便，牙签之间的缝隙大小，可以根据效果自己调节（图4–1–5）。

3. 签子

主要用于染液表层的肌理绘制和图案勾画，与前两种工具相比，签子的使用更灵活，适合小面积皮革糊染的制作（图4–1–6）。

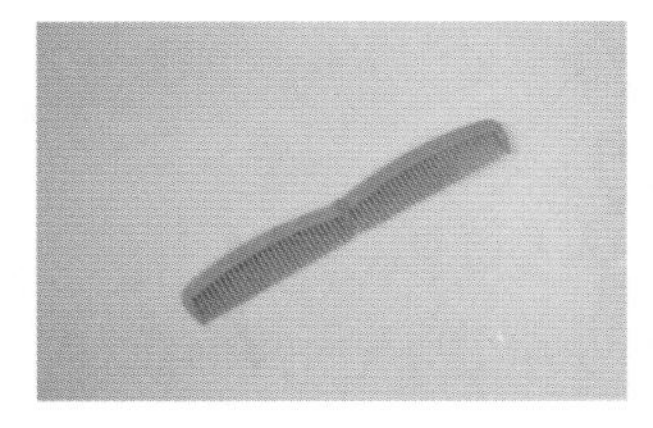

图4–1–4　自制长梳

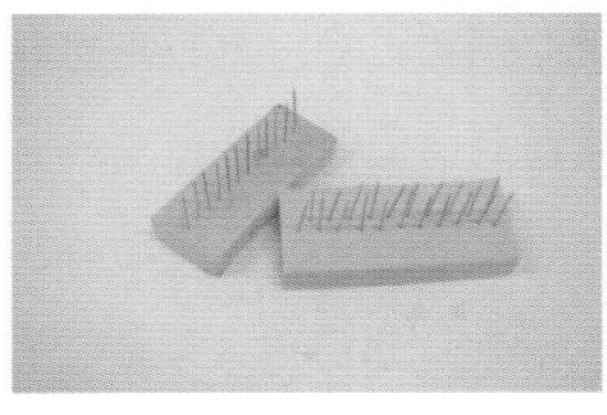

图4–1–5　海绵、牙签

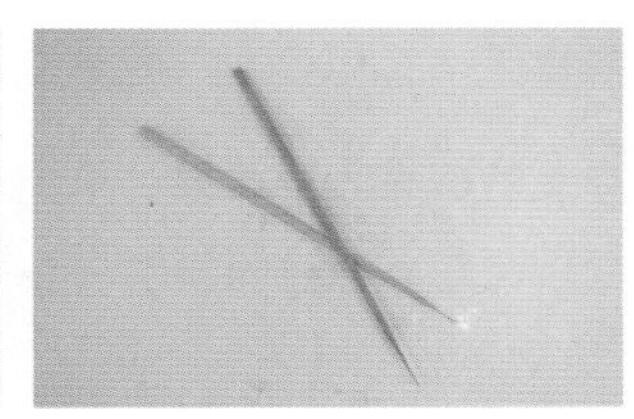

图4–1–6　签子

4.针管、滴管

在皮革糊染中，针管工具通过活塞挤压，来控制染料的滴入量（图4-1-8）。

5.板刷

皮革图案转印后，用板刷将皮革表层多余的CMC溶液刮去（图4-1-9）。

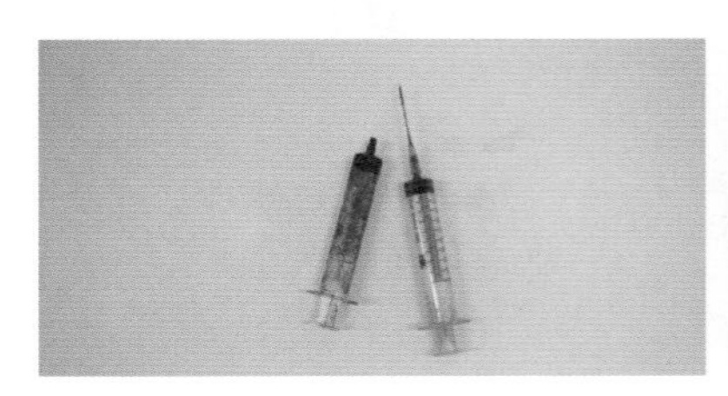

图4-1-8 针管

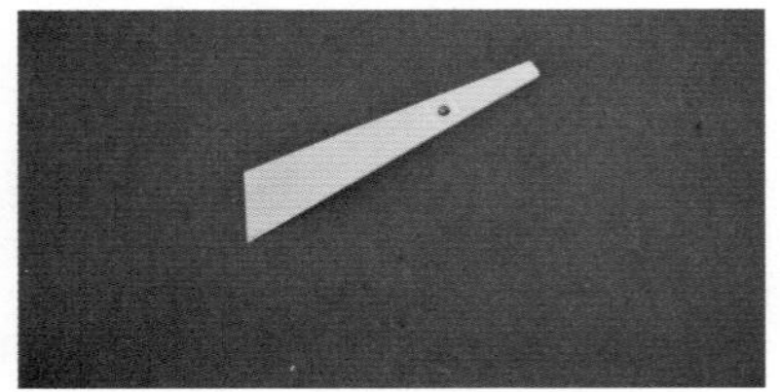

图4-1-9 板刷

（二）其他工具

托盘、羊毛球刷、排刷、棉布（用于吸附皮革上残余的染料）。

第二节 皮革糊染基础工艺

皮革糊染又称皮革大理石纹印染，因为这种染色方法染出的图案视觉效果极像大理石的纹理，故称为大理石纹印染。为了得到这种图案效果，需要提前准备浆料溶液，染液选择皮革专用盐基染料，通过工具的拖拉形成图案，再转印图案于皮革上。

一、皮革糊染工艺流程

（一）溶解CMC粉，制作浆料

量取一定量的CMC粉，将CMC粉与水混合，充分搅拌，混合均匀后的浆液整体呈果冻状，不宜太稀，过于稀薄则浆料表层无法托着颜色，颜色会快速下沉。CMC粉比较难于溶解，需要长时间的搅拌。一般需静置一段时间（2h以上），尽可能地挤压掉浆料内的气泡，因此在皮革糊染前需提前准备好CMC溶液（图4-2-1）。

小贴士：可以在托盘中直接溶解CMC粉，也可以在其他容器中溶解后倒入托盘中，制作糊染的CMC溶液深度在3~6cm较为适宜。

图4-2-1　溶解CMC粉

（二）滴入染料

使用针管工具吸入事先调配好的皮革专用盐基染料，用针管一滴一滴将染料滴入设计好的部位，可以根据针管的挤压力度来控制染液的用量，如图4-2-2所示，也可以直接用染料瓶滴入，色彩依次是红色、蓝色。需要注意的是，滴入染料的过程要快，否则染料很快就会渗透入CMC溶液中，从而无法染色，染料浓度不足色彩变浅。

小贴士：滴染料时，手应该贴近溶液表面，这样既可以缩短时间，还可以减少重力对溶液表面的冲击，使染色更容易成功。另外，滴染料时不宜过多，否则染料容易飞溅。

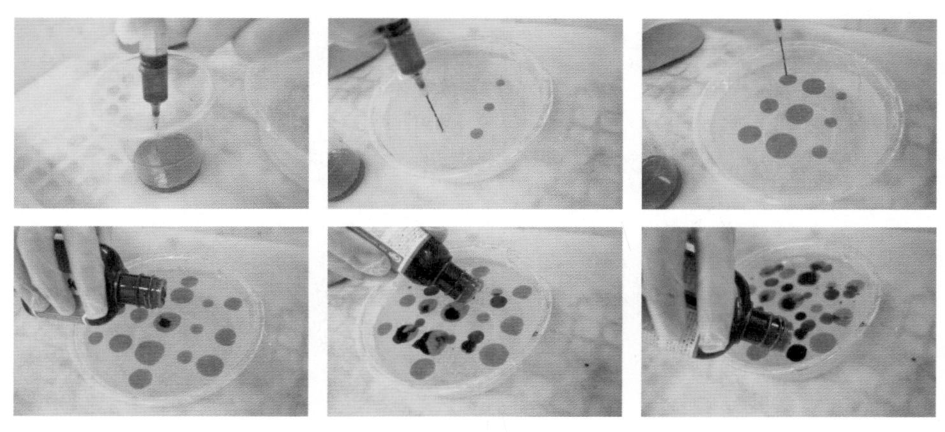

图4-2-2　滴入染料

（三）绘制大理石纹

将竹签伸入溶液内，先横向将各溶液点从左往右划出纹理，再纵向将剩余的溶液点从上至下划出纹理，也可以在内部增加一些纹理（图4-2-3）。

小贴士：绘制大理石纹理时要快，线条可以是直线，也可以是曲线。

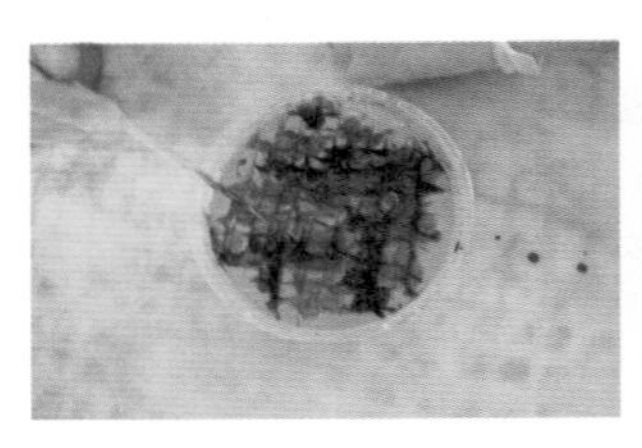

图4-2-3　绘制大理石纹

（四）转印图案

将皮革材料从一边慢慢地放入溶液内，然后缓缓放下另一边，尽量避免空气留存在皮革与染料之间。当皮革材料完全放下后，用手指轻轻地弹在皮革的各个位置上，使皮革材料与溶液的接触面增加，让转印的图案更加清晰。

图案转印的时间很短暂，全程只有1min左右。1min过后，从皮革材料边缘轻轻地将皮革材料拎起离开溶液。用板刷将皮革上残余的溶液刮去，皮革表层还有一层薄薄的溶液附着在上面，需将皮料放在水中，将残余的CMC溶液清洗干净（图4-2-4）。

图4-2-4　转印图案

（五）吸水

将冲洗过后的皮革材料放在棉布上，用手轻轻地按压，吸干水分，然后将微湿的皮革材料放置在通风处让其自然阴干（图4-2-5）。

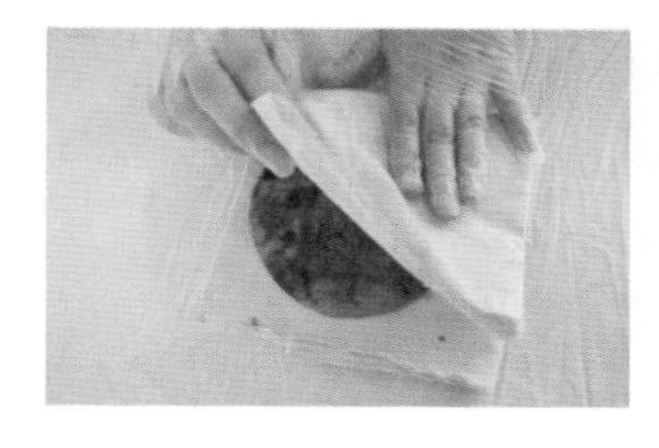

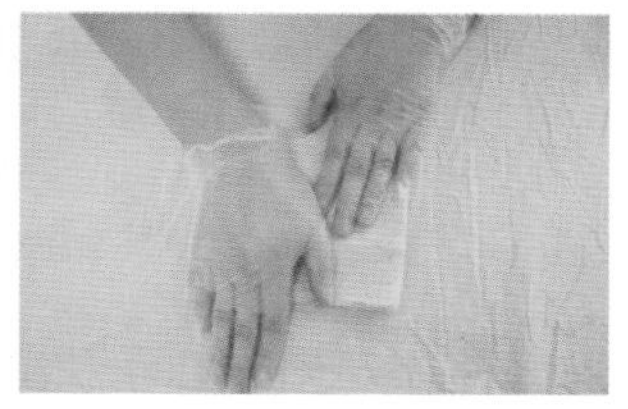

图4-2-5 吸水

（六）后整理（见第一章20页）

（七）最终效果图（图4-2-6）

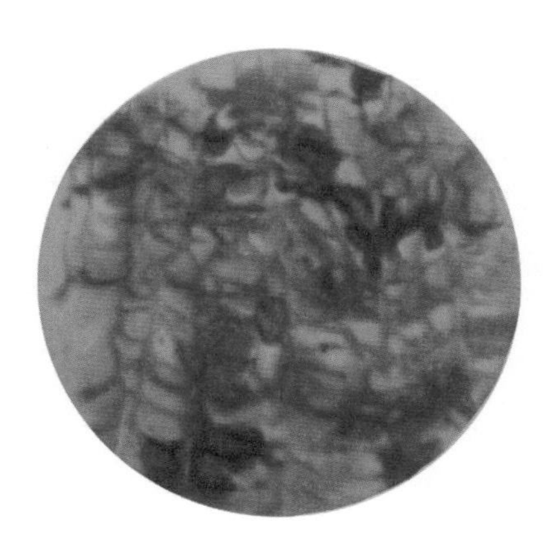

图4-2-6 最终效果图

二、皮革糊染：水拓法

水拓法与上文中的皮革糊染步骤大致相同，主要是将皮革糊染中的CMC溶液替换成水拓画液当作染料的基底使用，利用水的流动和自然扩散，在着色的部分会渗透出形状毛细、边缘模糊的效果，形似传统的水墨画。

第三节　皮革型版印染

皮革型版印染是一种常见的皮革印染工艺。在印染过程中，将图案刻在模版上，使用油性染料上色，将模版图案拓印在皮革上，模版的选择多样，不同造型、不同纹理呈现出的效果也各不相同，此外，创作者还可以从生活中寻找一些素材作为模版，如植物纹理等。

一、皮革型版印染材料与工具

皮革型版印染材料与工具汇总如下（图4-3-1）。

图4-3-1　型版印染材料与工具

（一）皮革型版印染的材料

1.皮革

（1）原色、漂色植鞣革（第一章第一节已介绍）

（2）油性皮革染料（第一章第二节已介绍）

2.牛皮纸

主要用于皮革型版印染中的模版制作，选择强度高、耐久性好的牛皮纸，可以增加印染过程中的使用次数（图4-3-2）。

图4-3-2　牛皮纸

3. 植物

主要用于皮革型版印染的印染模版，在下文的步骤中，主要有马铃薯、胡萝卜、松针、秋葵等，也可以尝试使用其他植物材料。根据材质的不同，马铃薯和胡萝卜等可以储存2~3天，且材质较硬的蔬果可以用于雕刻成印染模版，而松针和秋葵等纹理感强的蔬果，则可以直接用来上色，将肌理拓印于皮革表层（图4-3-3）。

图4-3-3　马铃薯、胡萝卜、松针、秋葵、洋葱、豆荚

（二）皮革型版印染的工具

1. 橡皮章

在皮革型版印染中，橡皮章主要用来印刷图案、文字的工具。将设计稿中绘制的图案，通过雕刻，转印到橡皮章上，粘上染料，可直接作用在皮革材料上。除了橡皮章外，制版材料还可以用质地相对松散的木质材料（图4-3-4）。

2. 刻刀

是一种用于雕刻、刻画细节的工具。刻刀主要用于制作印刷版，在皮革型版印染中，作用于牛皮纸、橡皮章、植物等，需要注意的是，刻刀的刀口非常锋利，在使用的时候要小心谨慎（图4-3-5）。

图4-3-4　橡皮章

图4-3-5　刻刀

3.拓印工具

图4-3-6是笔者手工制作，由棉布包裹棉花捆扎制成，主要用于拓印上色，较其他染色工具，此工具上色更加均匀，接触面积更大。

图4-3-6　棉花球

4.滚轮（图4-3-7）

图4-3-7　滚轮

5.其他工具

高密度海绵、托盘、羊毛球刷、托盘、夹子（固定印染模版和皮革）、排刷、棉布（用于吸附皮革上残余的染料）（图4-3-8）。

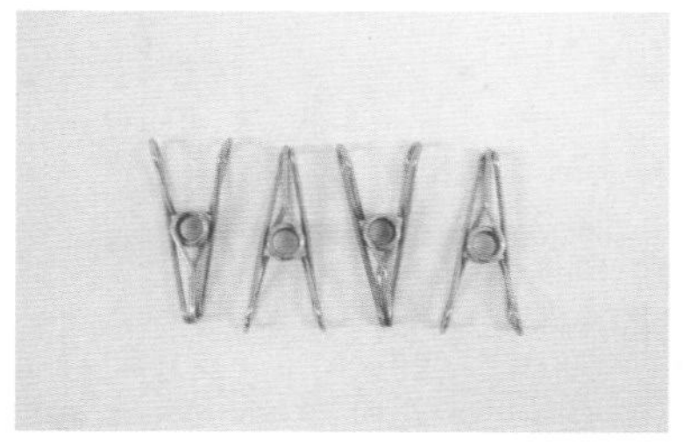

图4-3-8　夹子、刻刀等其他工具

二、型版印染基础步骤

（一）案例一：镂空型染

1.模版制作

将事先设计好的图纸在牛皮纸上描绘出来，需要镂空的部位使用刻刀沿着边缘线刻出，整体呈现镂空效果，根据植鞣革与模版裁剪出合适大小，一般皮革材料要大于模版，再使用夹子将牛皮纸模版的四个角固定在植鞣革上，保证在后续操作步骤中不移位(图4-3-9)。

图4-3-9　模版制作

2.上色

根据设计稿，准备黄色、蓝色的油性染料，根据第一章所讲的色彩原理，可以知晓黄色与蓝色会混出绿色。因此在染色过程中，需要注意整体关系，区分色彩主次；使用棉布制成的拓印工具蘸取黄色染料，在牛皮纸模版镂空的部位对下层的植鞣革进行染色，油性染料不易涂染均匀，需要反复点涂，保证镂空造型的完整性，再使用羊毛球刷蘸取蓝色染料，对其余镂空部位的植鞣革涂抹上色（图4-3-10）。

3.去浮色

待油性染料在皮革上固色后，用棉布覆盖住染色部位（图4-3-11、图4-3-12），

图4-3-10　上色

再使用滚轮反复滚动，力度均匀，用棉布将皮革上多余的染料吸附（图4-3-13）。

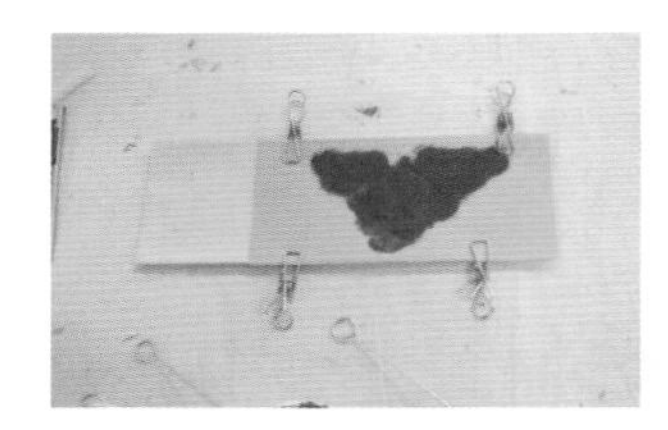

图4-3-11　夹子固定模版

图4-3-12　棉布覆盖

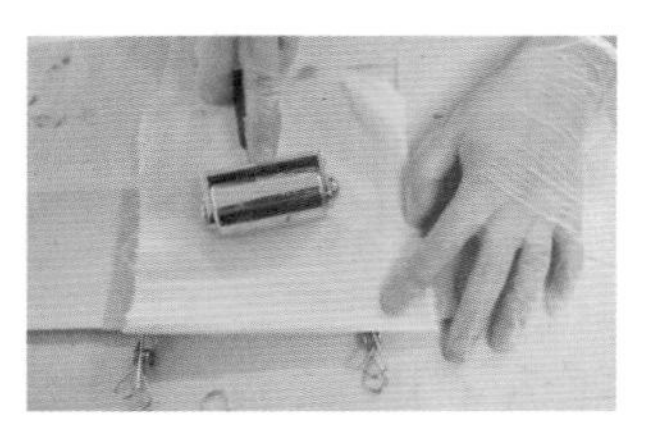

图4-3-13　去浮色

4.再着色

重复以上步骤（图4-3-14）。

小贴士：牛皮纸模版需要反复使用，购买材料时，选择较厚的牛皮纸，可以增加牛皮纸使用时长。

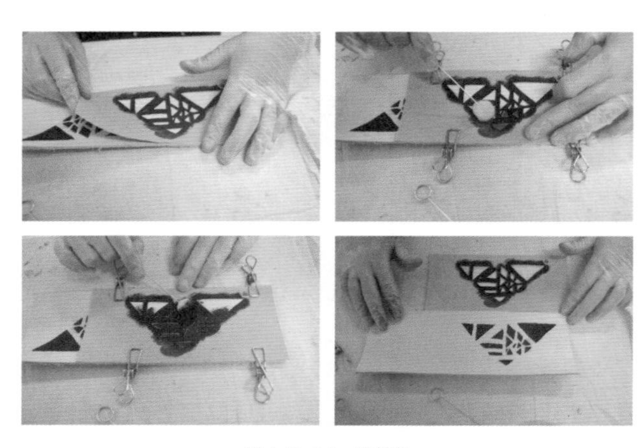

图4-3-14　再着色

5. 最终成品图（4-3-15）

图4-3-15　最终成品图

（二）案例二：印章型染（以橡皮章为刻板）

1. 模版制作

绘制出设计草图，根据草图，用银色油漆笔将设计稿中的图案绘制在圆形橡皮章上，使用刻刀将橡皮章上的图案雕刻出来，这个步骤需要一些技巧和耐心，可以制作出一些复杂的图案形状（图4-3-16）。

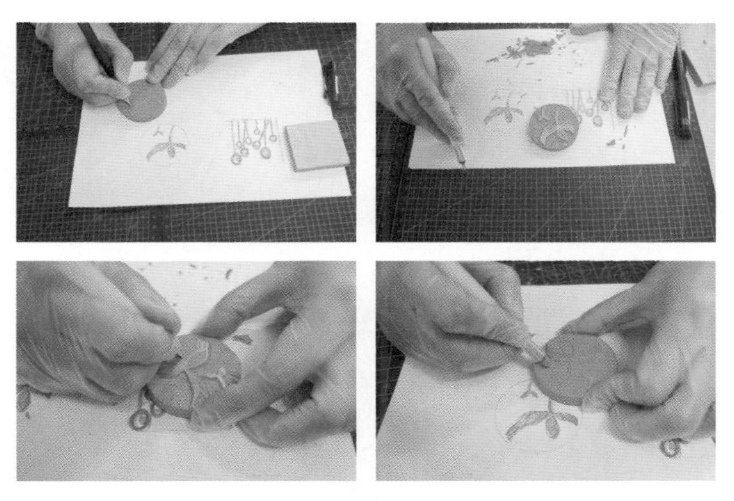

图4-3-16　模版制作

2. 涂抹印章

羊毛球刷蘸取深色油性染料，均匀涂抹在橡皮章中最凸出的部位（图4-3-17）。

3. 打湿皮革

用排刷蘸取兑水的酒精染料，在皮革材料表层均匀涂抹，给皮革材料一层底色（图4-3-18）。

图4-3-17　涂抹印章

图4-3-18　打湿皮革

4. 拓印图案

轻轻按压橡皮章光滑面，刻面朝下，在按压的过程中，保持力度均匀，需注意不要水平移动橡皮章，以免破坏图案造型（图4-3-19）。

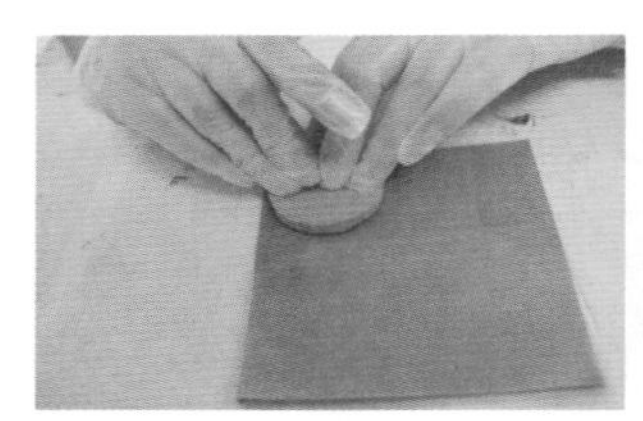

图4-3-19　拓印图案

5. 最终效果图（图4-3-20）

图4-3-20　最终效果图

（三）案例三：印章型染（以马铃薯为刻板）

1.图案设计与构思

在白纸上绘制出设计稿，设计稿的绘制要考虑印染模版的特殊性，如此次模版的制作载体为马铃薯，马铃薯的外观造型不规律，且质地脆硬易折，细节的刻画不宜太过烦琐（图4-3-21）。

图4-3-21 图案设计与构思

2.图案拓印

将图片中的马铃薯按压在设计草稿上，利用马铃薯中的淀粉黏性，将稿纸上的图案拓印在马铃薯上，再用滚轮反复加强两者的黏合度（图4-3-22）。

3.图案雕刻

将马铃薯上拓印出的图案，用刻刀将原本平面的图案雕刻成立体的造型，在雕刻过程中，用左手固定好马铃薯的位置，右手持刻刀将图案完整地划出，再将其余部分的马铃薯切割成小块（图4-3-23）。

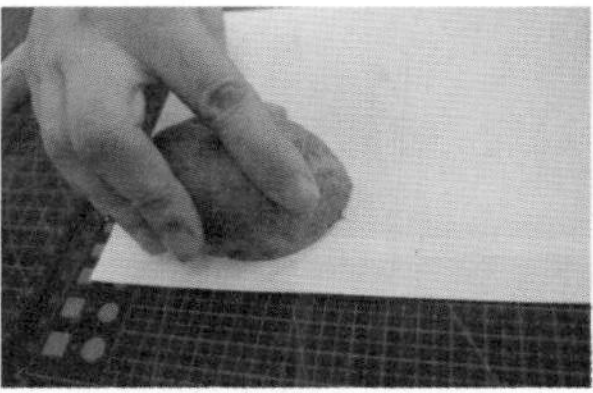
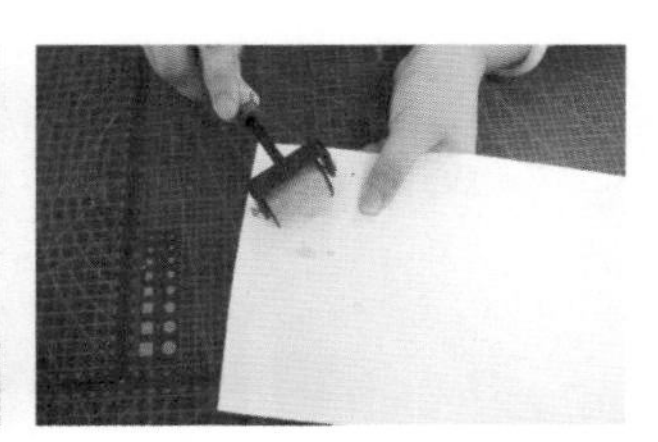

图4-3-22 图案拓印

图4-3-23 图案雕刻

4.上色

使用羊毛球刷蘸取黄色的油性染料，将染料均匀涂抹在马铃薯上凸起的部位，为避免串色，再选择一根新的羊毛球刷，蘸取蓝色的油性染料，将染料涂抹在胡萝卜上凸起的要被拓印的部位（图4-3-24）。

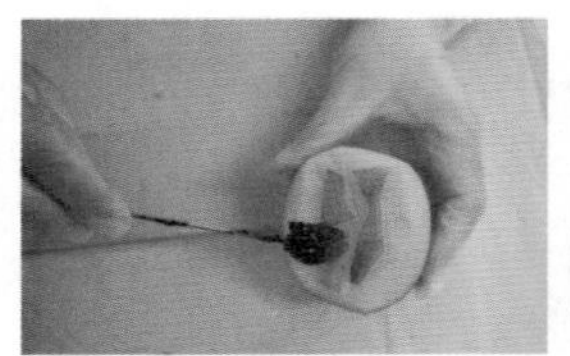

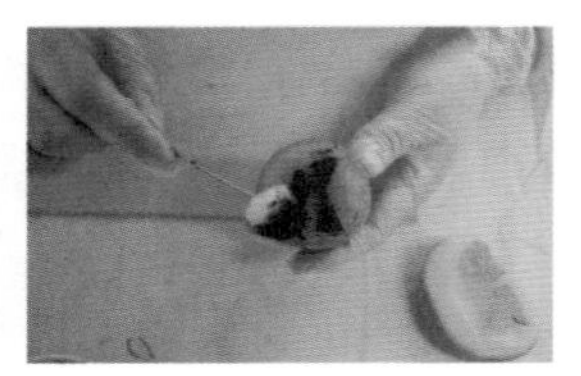

图4-3-24 上色

5.拓印图案

将胡萝卜模版与马铃薯模版，以二方连续的组合形式，从左往右，重复拓印图案，注意图案之间的间隔（图4-3-25）。

图4-3-25 拓印图案

6.最终效果图（图4-3-26）

图4-3-26 最终效果图

（四）案例四：直接型染

1. 准备工具

准备好材料，选择纹路清晰的植物，如松针、秋葵、豆荚等（图4-3-27）。

图4-3-27　准备工具

2. 第一次上色

用排刷将红色染料均匀涂抹在松针上，再用羊毛球刷进行局部染色补充，涂抹的染料不宜过多也不宜过少，若是染料过多会导致拓印在皮革上的肌理模糊，染料过少则会导致植物无法完整拓印出来（图4-3-28）。

图4-3-28　第一次上色

3. 拓印

将染色面的松针朝向皮革，再将棉布铺在松针上，用滚轮平稳地在上面滚动，需要注意，不要压得太紧，也不要来回滚动，否则可能会导致染色不均匀（图4-3-29）。

4. 第二次上色

若是第一次印出的效果不好，可以再次上色挤压（图4-3-30）。

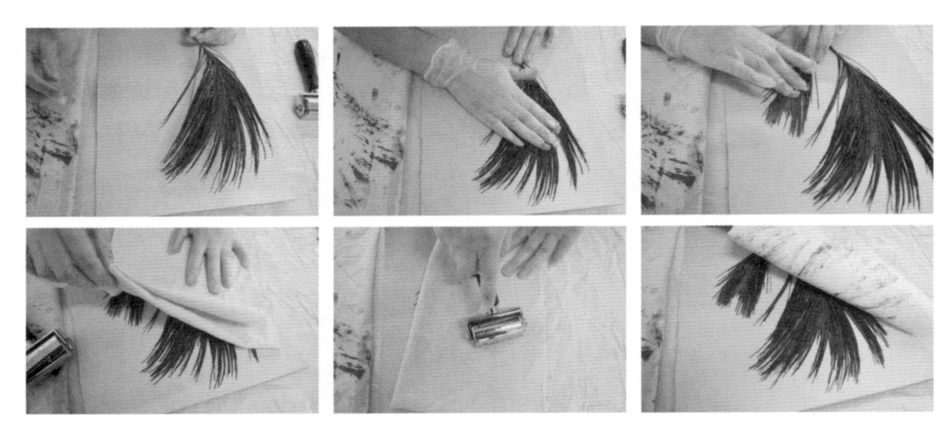

图4-3-29　拓印

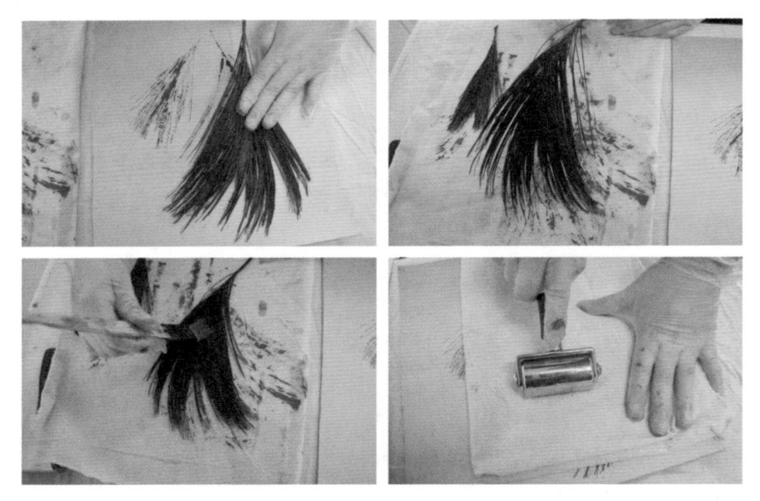

图4-3-30　第二次上色

5.截取模版

截取秋葵的中段，使用秋葵的横截面作为拓染模版（图4-3-31）。

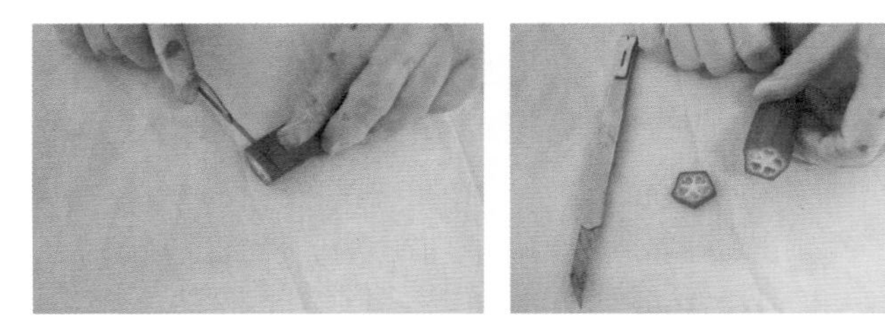

图4-3-31　截取模版

6.第三次上色

用羊毛球刷在秋葵的横截面均匀涂抹上蓝色油性染料，根据设计的草稿，沿着皮革材料的边缘均匀拓印出秋葵的横截面（图4-3-32）。

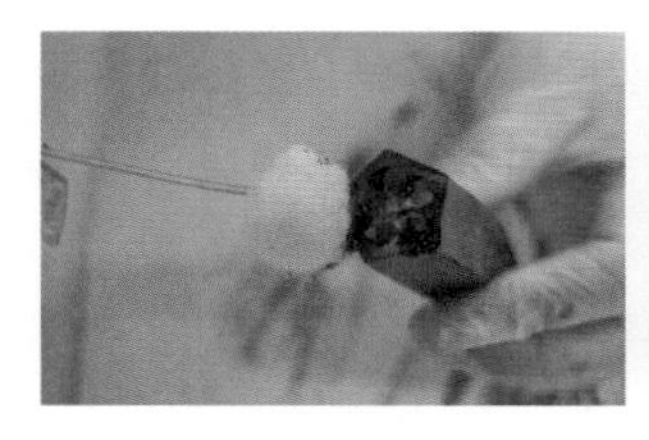
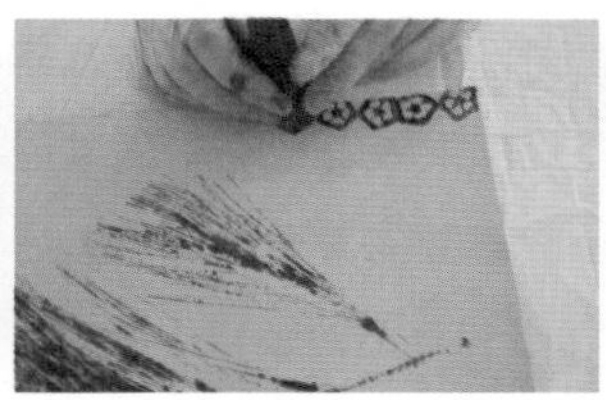

图4-3-32　第三次上色

7.最终成品图（图4-3-33）

图4-3-33　最终成品图

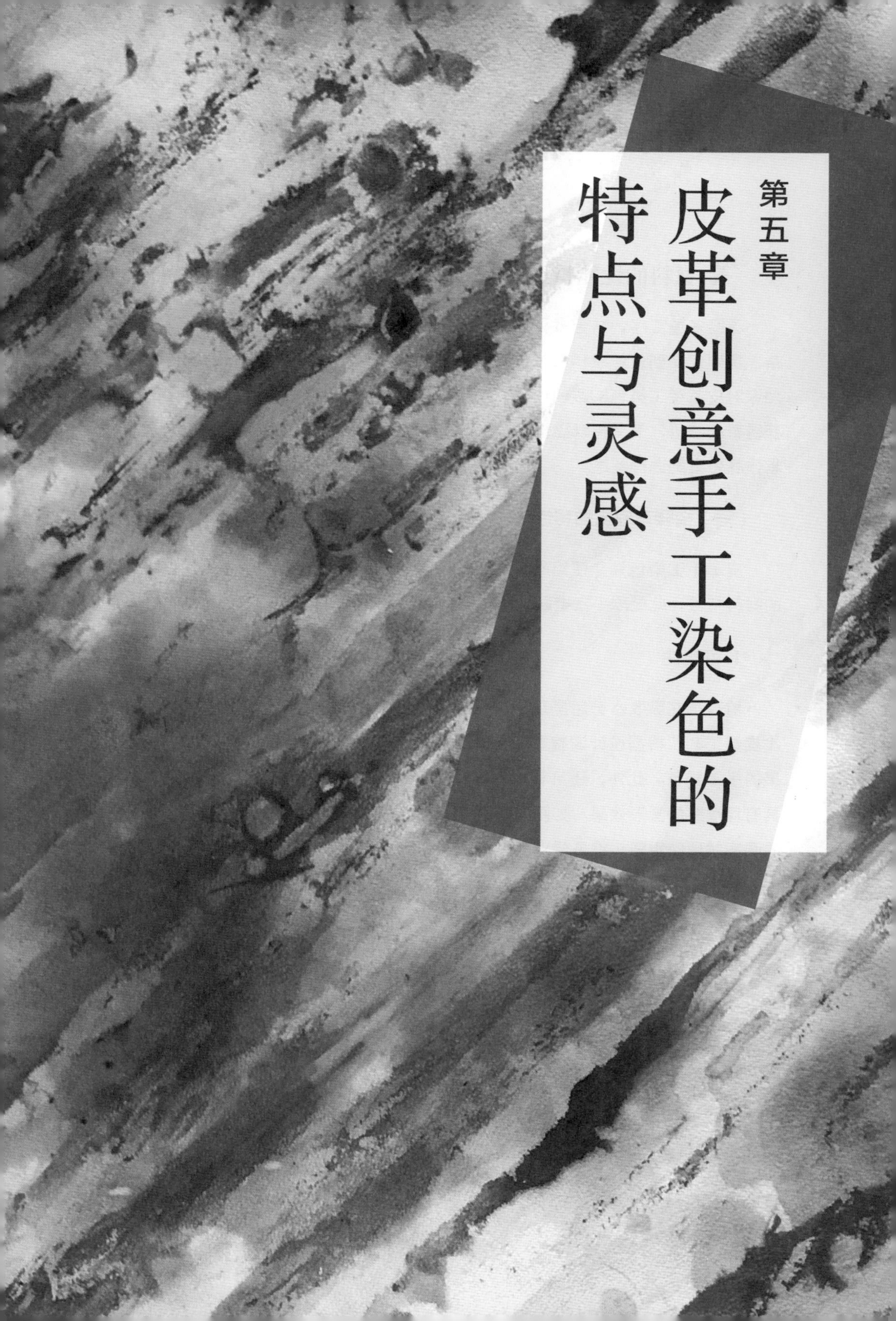

第五章 皮革创意手工染色的特点与灵感

第一节　手工染色皮革的特点

一、材料的性能特点

历经多道工序，结合多种技法制作手工染色皮革，使用的工具材料看似琐碎繁杂，实则仅受到皮革原料和染色材料两方面因素的影响。把握材料性能特征有助于加深对皮革手工染色实践的理解，在了解性能的基础上展开进一步的设计创作也会获得新的感悟，下文将以福州大学厦门工艺美术学院2017~2019级服饰班学生的课堂作品为案例进行阐述。

（一）植鞣革原皮的特性

皮革手工染色只能使用原色植鞣革进行制作，因此成品特性也具有植鞣革原皮的材料特性，此处以牛皮植鞣革材料为例展开分析。

1.可塑性

植鞣革在吸收水分后呈现出较好的延展性和可塑性，在这种弹性状态下适合制作皮塑工艺，根据设计调整塑形，静待植鞣革皮料风干后彻底定型，打造出圆雕效果的手工染色。此外，还可利用皮革表面的弹性将皮雕工艺与染色相结合，制作出具有浮雕感的塑形效果。如图5-1-1所示，在蜡染、型染的基础上，根据随机产生的图案纹理使用圆头锥子刻出划线，使得染色层次更为丰富。

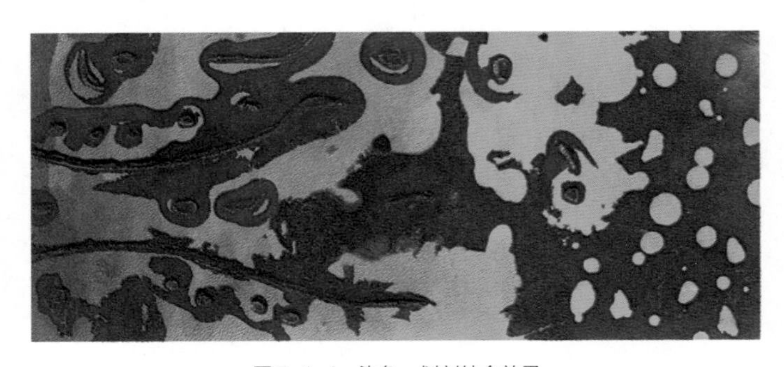

图5-1-1　染色、划刻结合效果

植鞣革的可塑性特征可被运用于制作立体的创意染色作品，如图5-1-2所示，在皮革材料整体湿润柔软的情况下使用夹子进行塑形，辅以纸团、布团等垫材维持中心凸起的效果，待皮革材料完全干透后取下定型道具，中心位置固定玻璃珠，营造出蔚蓝的海面托起莹莹明珠的画面。

图5-1-2　染色、塑形结合效果

2.独特性

植鞣革作为天然的动物皮革，不同部位的皮革会有不同的天然褶皱和纹理，受鞣制工艺以及皮革皮色的影响，植鞣革制作的每件作品因肌理及色彩的差异，会展现出其独有的面貌。天然皮革在使用中经过护理保养，颜色也会由原色逐渐变深，这就是俗称“养牛”的过程。染色后的皮革同样如此，经过油脂的保养、打磨，皮面整体会呈现出更为光泽丰润的质感，色彩也更鲜艳饱和；反之，手工染色皮革缺乏保养会变得干燥、黯淡。通过后续油脂的保养，会使皮具形成独一无二的岁月痕迹，养成带有自己“特色”的皮具。

（二）皮革染料的特性

皮革染料区别于常规绘画颜料，在颜色调和、晕染时其特性须经历摸索尝试的过程，此处以使用最为频繁的酒精染料为例进行讲解。酒精染料对初学者来说最易操作，具有较好的流动性，易于调色或稀释，染料性质可以参照水彩颜料，加水稀释即可获得半透明的着色效果。图5-1-3为蜡染工艺与单色染色法的结合运用，染色前封蜡保留一部分皮革材料原色，使用羊毛球刷将稀释过的蓝色染料在皮料表面平涂染色，擦拭去除多余的染料浮色。笔刷滴落的蜡痕如水下冒出的气泡，边缘自然形成染料渗透过渡的纹路，呈现出海水般清透明亮的蓝色渐变效果。

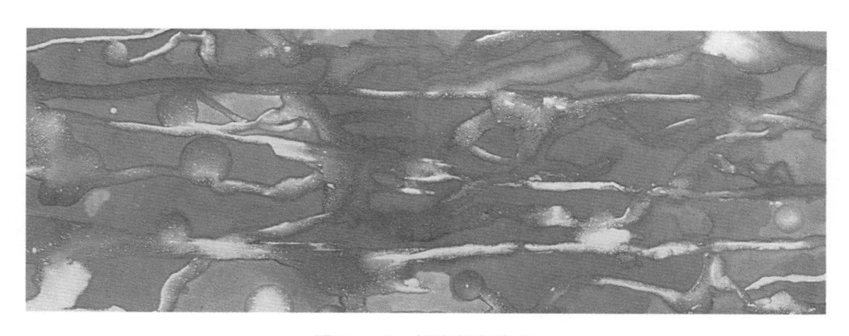
图5-1-3　蜡染渐变效果

二、手工染色皮革的视觉特性

（一）皮革创意手工染色

皮革创意手工染色可根据设计需求和个人喜好，选用不同性质的染料搭配直至达到预设效果。染制单色皮革时，重复多次染色可以达到均匀一致的着色效果，使整个皮革表面呈现统一的颜色和质感，区别于工业染制纯色皮革，手工染色后的皮革较好地保留了植鞣革自然的质地以及细腻的光泽，适用于高档家具、汽车内饰等，装饰效果更低调内敛，与商务场合也较为适配。优质的染料和染色工艺可以使皮革染色效果具有较高的耐久性。经过染色后的皮革表面不易褪色或变色，能够长时间保持美观。手工染制复色皮革则具有更为丰富多样的着色效果，综合运用扎染、蜡染、糊染、型染等手工染色技法，可以制作层次复杂的着色效果，视觉冲击力强，抓人眼球。

（二）肌理质感

手工皮革染色效果受到其原材料——原色植鞣革性质的影响，其弹性与韧性可以较好地保留染色过程中产生的肌理效果，因此，可以利用这一特性制作强肌理的视觉效果。

1. 工艺技法制作肌理

如图5-1-4所示，运用扎染技法进行复色渐变染色，在方形皮料上选取两个中心点扎成锥形，按照黄—橙—红—黑的顺序，由浅至深依次叠加渐变染色。展开后呈现出花瓣状肌理效果，如两朵金黄灿烂的向日葵盛开在皮面，扎染线迹的穿插运用也为染色效果增添了手作质感。

图5-1-4　扎染复色渐变效果

2. 增加其他材料肌理

除了染色过程中结合工艺技法制作肌理，亦可在染色后增加其他材料，如图5-1-5~图5-1-7所示，完成蜡染技法后根据色块轮廓叠加粘贴火烧铜箔碎片，与高饱和、色相对比度明显的底色相辅相成，呈现出迷离幻彩的金属肌理效果。除此以外，也可以在染色完成后运用刺绣、镂空、穿孔、烧灼等方式进行面料再造，叠加其他材料等肌理效果。

图5-1-5　铜箔效果一

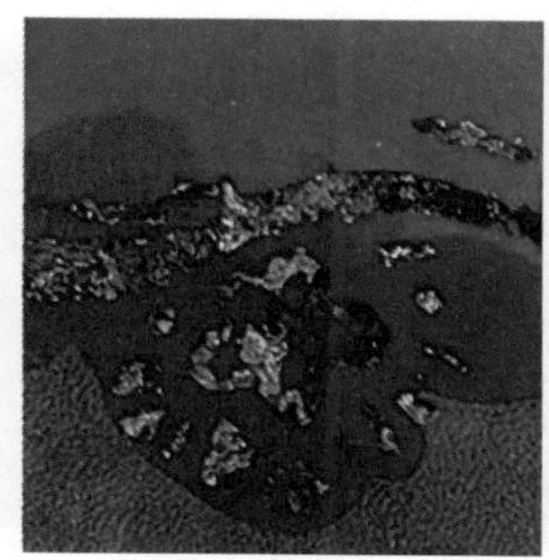

图5-1-6　铜箔效果二

图5-1-7　铜箔效果三

三、应用范畴

（一）创意实践

1. 课堂教学

皮革创意手工染色因其材质、工艺特性，具有极高的发挥空间，可供设计师施展奇思妙想，同时制作效果明显、视觉表现力强，因此较为适用于课堂教学。讲解基本技法后可给予学生自由创作实践，在动手制作染色小样的过程中逐渐摸索、熟悉植鞣革材料特性，并根据染色成果对皮革材料进行二次切割、塑形处理，形成新的表现效果。如图5-1-8所示，综合运用扎染、蜡染、先染后绘的技法，

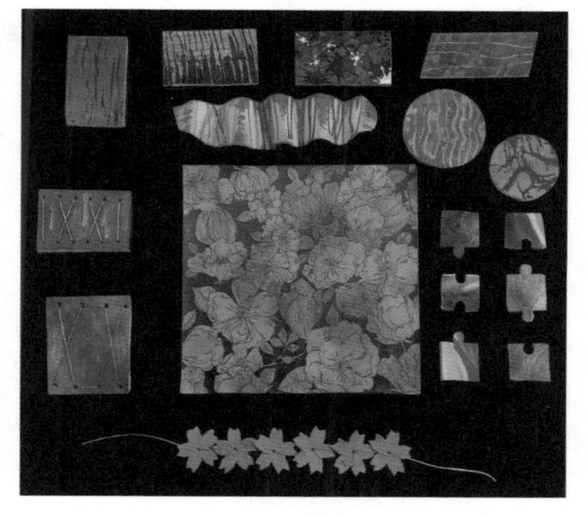

图5-1-8　综合创意染色展示

制作出效果缤纷多彩的创意染色系列。只有在课堂教学中不断接触、熟悉皮革材料特性，后续才能游刃有余地进行设计创作。

2.概念设计

手工皮革染色实验过程具有一定的随机性与偶发性，并非所有染色效果均能达到预期设想，有时为了呈现最佳效果需要反复多次进行实验，因此在过程中要对满意的皮革染色成果及时拍摄、存储并进行数字化处理，转为电脑端图片素材。图5-1-9为课堂实验的蜡染效果，结合计算机辅助设计软件制作概念产品设计制作首饰效果图，如图5-1-10所示，这种设计方法既便于记录创意实践阶段成果，也有助于随时调用素材，快速模拟材料小样的产品设计转化。

图5-1-9　蜡染实验效果

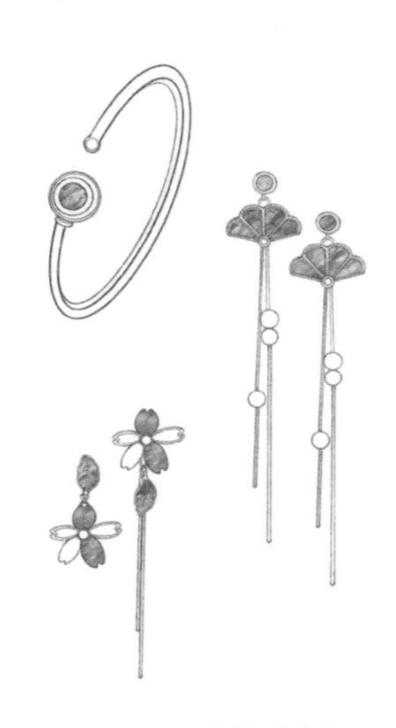

图5-1-10　产品设计效果

（二）产品转化

手工染色皮革产品在实际生产方面有很多可能性，服装、配饰、家居、手工艺品、时装画等领域均可应用。手工染色可以实现丰富的色彩和纹理效果，因此这些产品通常具有独特的艺术感和精细的工艺。如图5-1-11~图5-1-13所示，两款包袋均为扎染实验效果的大面积应用产品转化，制作过程中保留扎染线迹，强调手工感，同时也与绳编包提手相呼应，廓型宽松、材质柔软，整体呈现出休闲度假风的氛围。

图5-1-11　手提包设计一

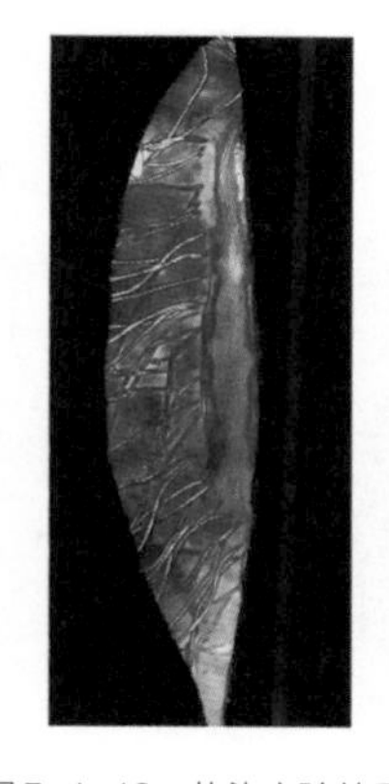

图5-1-12　扎染实验效果

图5-1-13　手提包设计二

第二节　皮革创意手工染色的灵感挖掘

一、模仿自然

大自然是无穷无尽的灵感源泉，设计师们可以主动地从大自然中挖掘并积累素材，正如罗丹所言："尊重传统，而要会辨别它永垂不朽的宝藏，即对于自然的挚爱与人格的忠诚。"结合创意思维，可将自然中无序的元素片段转换为有序且具有张力的设计作品。例如，我们可以从植物形态、微观世界或自然景观中获得灵感与启发，所创作的作品也因带有自然基因而给人以独特的审美体验。为了更好地从自然界获取灵感，首先要做的便是将这些无序的美感从原有状态中剥离出来，而后根据个人理解进行设计转化，最终成为独具特色的手工皮革创意染色作品。

（一）从植物形态获取灵感

植物是构成和支持自然界生态环保的重要部分，同时也为这个世界带来美丽的环境景观与生命力，平和而安静地治愈着人们的内心。不论是舒展卷曲的藤蔓，还是娇艳可爱的花瓣，都能为设计师带来灵感和触动，下文将从枝节脉络和花卉果实两大类植物形态灵感源分别阐述。

1. 枝叶脉络

植物枝叶伸展向上的态势常给人蓬勃生长的活力之感，枝节穿插、重叠又会带来空间上虚实远近的关系；绿色的叶片以及交错延伸的脉络虽不繁杂，但可塑造出丰富的层次。

如图5-2-1、图5-2-2所示，首先运用蜡刀画蜡的方式在皮革材料表面绘制树枝、竹节的形状；而后根据个人喜好选择染料进行一次染色，给予皮面一个整体的色彩基调和大效果，也可以先上色再绘蜡，须注意封蜡保留的色彩应稍浅，后续二次上深色才能使染色的差异效果更明显；皮面上的蜡起到防染的作用，擦去表面浮色并剥落蜡层后就可进行二次上色，二次上色时需要更加注意色彩关系，尽可能衬托出所绘制的图案形状。除此之外，还可以运用折叠的手法，如图5-2-3所示，皮料交叠的部分会因未能完全被染料浸透而产生空隙，得以保留下皮革原色，呈现出形似叶脉的肌理效果。

图5-2-1　画蜡法一

图5-2-2　画蜡法二

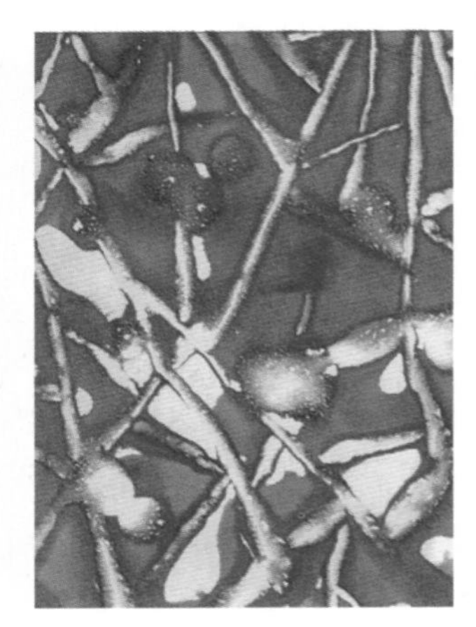

图5-2-3　折叠法

2. 花卉果实

楚楚动人的花朵、垂涎欲滴的果实都让人为之心醉神迷。鲜花缤纷绚烂的色彩常令人产生浪漫绮丽的幻想，如图5-2-4所示，首先用蓝色酒精染料在皮革表面进行染色，而后打磨去除表面浮色，待完全干透后再使用丙烯颜料绘制花叶图案。如图5-2-5所示，还可以使用扎染的方法结合皮革材料本身的厚度以及塑形效果，制作出更具浮雕质感的花瓣形态，扎染与渐变染效果的自由随机性和概括抽象感也带来更多想象的空间。如图5-2-6所示，首先用黄色酒精染料在皮革表面进行染色，而后打磨去除表面浮色，再用羊毛球刷蘸取红色染料绘制果实部分，可适当稀释染料以表现水彩画一般的透明感，待完全干透后再使用白色丙烯颜料绘制高光部分。

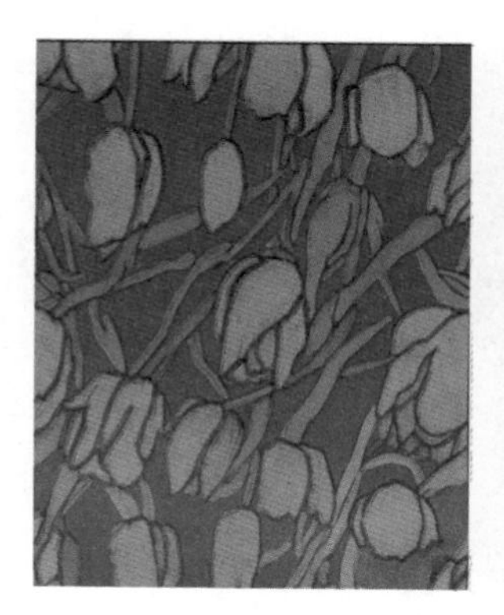

图5-2-4 丙烯绘制

图5-2-5 扎染塑形

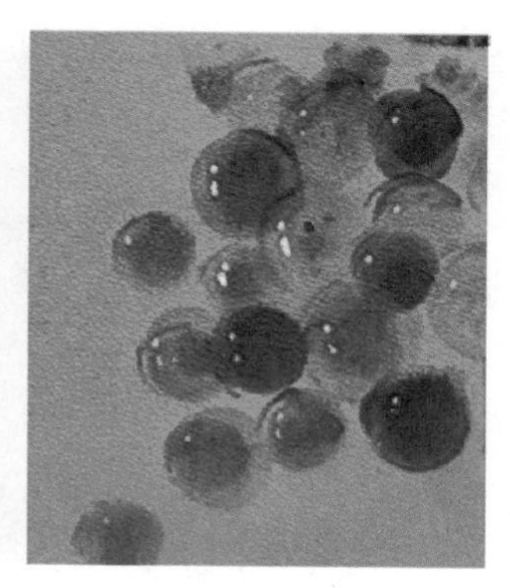

图5-2-6 染绘结合

（二）从微观世界获取灵感

随着探索科学的脚步不断前进，一片奇妙的微观小世界迸现人们面前，人们不由得惊叹世间万物的运转竟然都是由这些细不可察的力量所推动的。微观世界颠覆了常规的理解与认知，其间种种形态兼具神秘奥妙与科技幻想，亦可作为设计师的灵感来源被应用于手工皮革创意染色设计实践中。

1.模仿细胞分裂

孢子传播、菌丝分裂、细胞融合，一系列变化无穷的反应都会成为设计师创作的灵感来源。如图5-2-7、图5-2-8所示，运用水拓画液代替糊染常规使用的CMC粉作为托载染料的基底进行一次染色，在保持皮革整体高湿度的情况下用羊毛球刷再次上色，着色部分的边缘会渗透出形似毛细边缘的模糊效果。图5-2-9、图5-2-10均为蜡染技法，图5-2-9用笔刷绘蜡法多次封蜡，以黄色—蓝色—红色—黑色的顺序多次上色，做出层次效果。图5-2-10先用羊毛球刷进行红、黄渐变染色，在整块皮革材料表面封蜡，而后通过按压、揉搓蜡面制作出更多细小的冰裂纹，使用黑色染料进行二次染色，染料渗透进裂纹缝隙，形成菌丝状的图案。除此以外，也可以使用绘、染结合的方法表现细胞形态，如图5-2-11所示，先用单色酒精染料进行初步染色，待皮料干透后再使用丙烯颜料勾勒图案边缘，以涂鸦效果的形式表现相同题材。

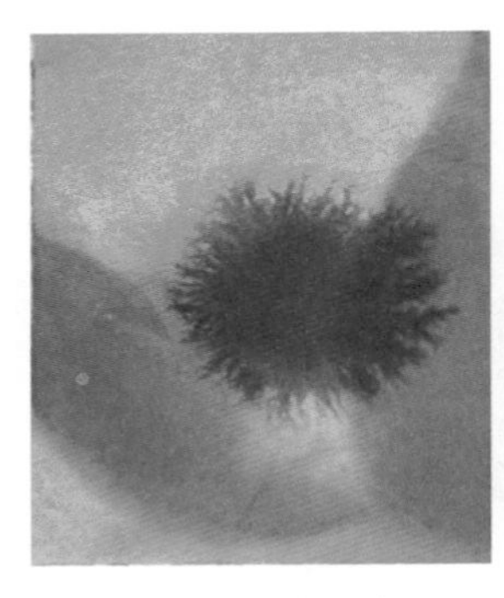

图5-2-7　水拓画法一

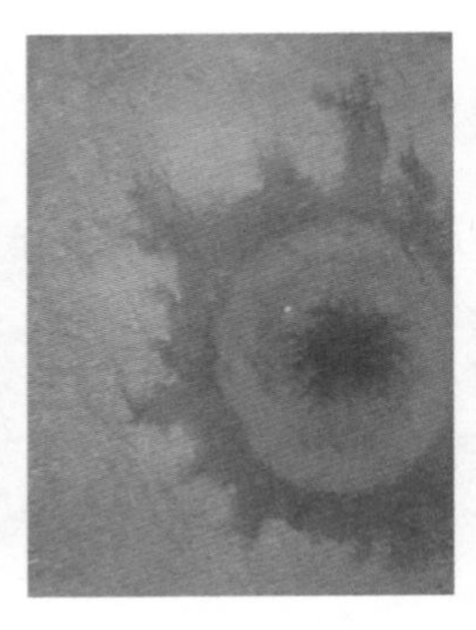

图5-2-8　水拓画法二

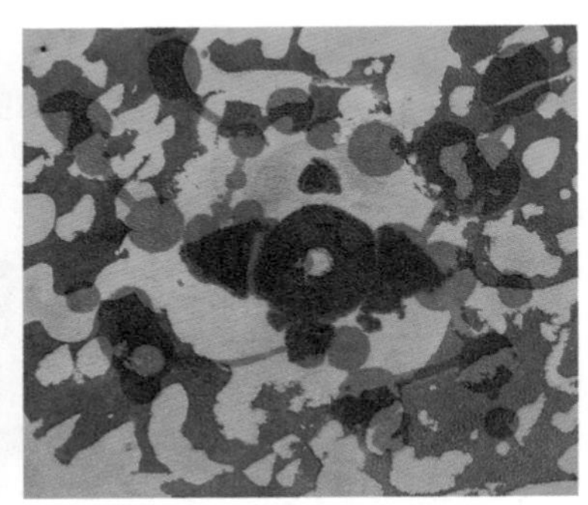

图5-2-9　蜡染技法一

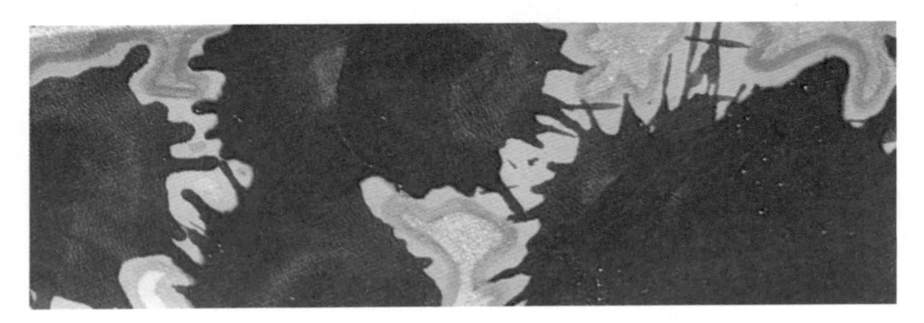

图5-2-10　蜡染技法二

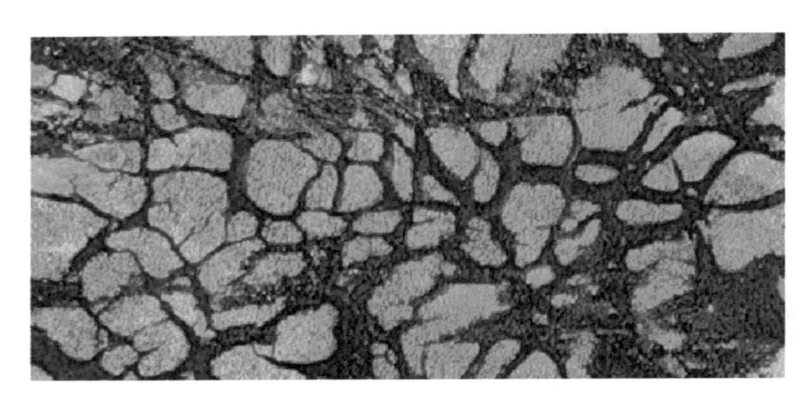

图5-2-11　染绘结合

2. 模仿液体流淌

以微观世界的视角看待液体，其流淌、滴落、渗透、交融皆被赋予了奇妙陆离的变化。如图5-2-12所示，为还原不同液体间交汇融合的状态，可运用水拓画液代替糊染常规使用的CMC粉作为托载染料的基底，首先预设染色效果，准备相应色彩的酒精染料，而后在水拓画液面用滴管点滴染料并用竹签等工具划动液面染料，将皮革平铺与液面接触，使液面染料转印至皮料表面（图5-2-13、图5-2-14也是运用了同样的染色方法），这种技法的魅力在于制作的效果清晰保留了液体流动的纹路，拓印时一定程度的随机性也带来更多趣味，给人以更多联想、想象的空间。除了水拓画液，还有很多技法也可以表现液体流淌的状态。如图5-2-15所示，运用扎染的方法进行渐变染色，皮革展开后宛如一幅描绘雨水浸润竹林的小品画；如图5-2-16所示，使用丙烯颜料在皮革材料表面厚涂出浮雕效果，绘制雨点滴落激起水面涟漪的场景。

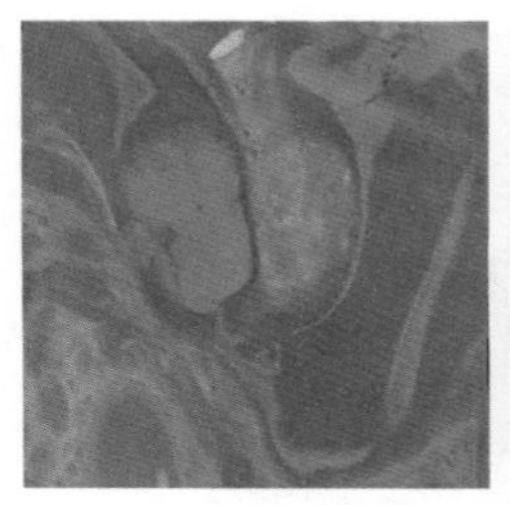

图5-2-12　水拓画法三

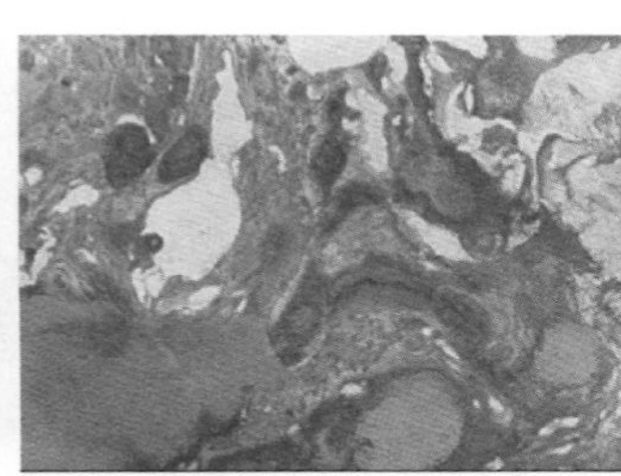

图5-2-13　水拓画法四

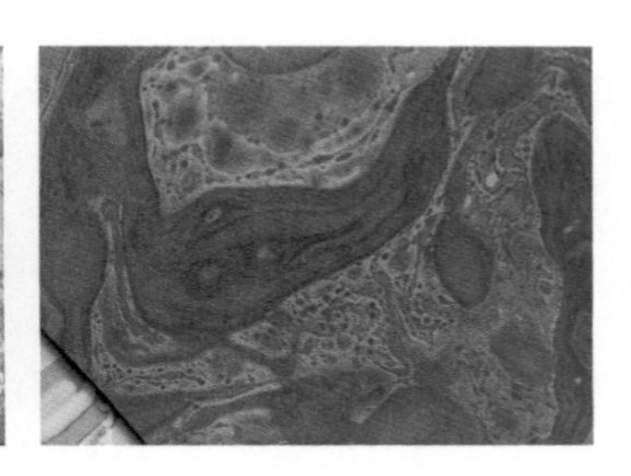

图5-2-14　水拓画法五

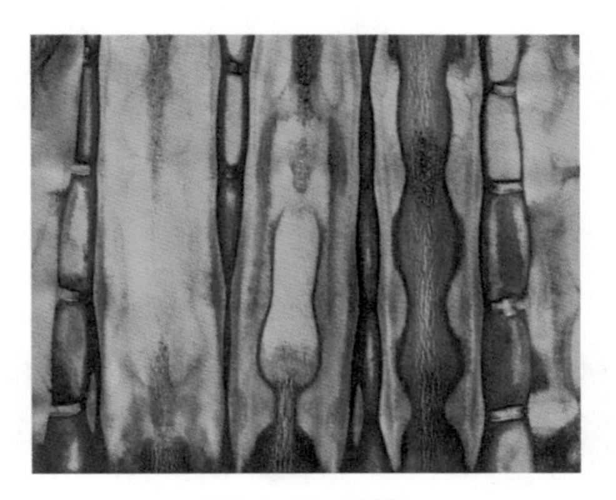

图5-2-15　扎染法

图5-2-16　丙烯法

（三）从自然景观获取灵感

将视角从奇妙复杂的微观世界转移到宏大开阔的自然景观，抬眼望去，大自然的形态、纹理、光影、动态，目光所及、俯仰之处皆是风景，设计师不必拘泥于原模原样地描摹、复制这些风景，而是可以对自然景观进行主观处理，根据自己的理解转化成皮革染色作品。

1. 自然形态

常见的自然景观形态包括山脉、河流、湖泊、森林、草地等，都具有很高的辨识度，通过观察和模仿可以凝练出景色所含的意韵。如图5-2-17所示，运用丙烯厚涂法在皮革材料表面绘制，呈现出一派林木郁郁葱葱、天上云卷云舒的悠闲景色，丙烯颜料自带的属性极其适合制作油画质感的创意作品。除此以外，也可以使用先染后绘的方法，如图5-2-18所示，在皮革材料表面使用蓝色酒精染料做出单色渐变效果，待皮面干透后再用丙烯颜料绘制，展现出夜空中点点繁星与海面上粼粼波光交相辉映的意象，仲夏夜萤火从海平面之下缓缓升起，与天上星光交织相融、难分彼此，简单几笔就传递出通透干净的海风扑面而来之感。

图5-2-17　丙烯厚涂法

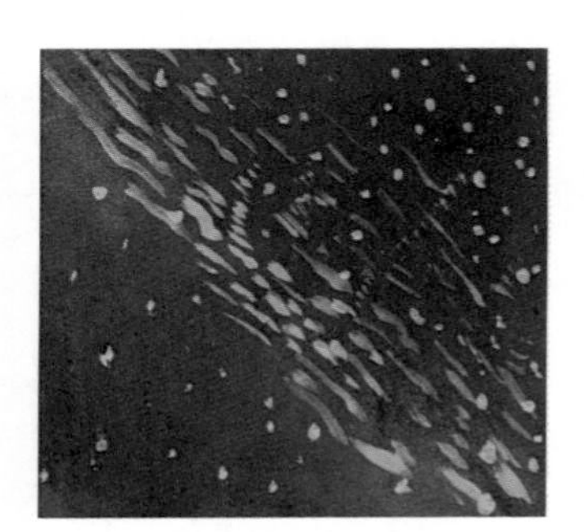
图5-2-18　染绘结合法

2. 自然纹理

自然界中充满了丰富多样的纹理和色彩，运用蜡染的方法可以更为快速、抽象地表现自然景观的纹理质感。图5-2-19、图5-2-20均运用了蜡刀绘蜡法，制作出自由随意的蜡纹，图5-2-19结合单色染色法，笔触轻快明亮地展现潮水涨退、海浪涌动的景象；图5-2-20结合复色渐变染色技法，黄绿交替似一片风吹麦浪的灿烂之景。

图5-2-19　单色绘蜡法

图5-2-20　复色绘蜡法

3. 自然光影

光影之中蕴含大自然的巧思，不论是天空日出日落的色彩渐变，还是阳光透过树叶投下的斑驳光点，都能转化为有趣的设计灵感。如图5-2-21所示，运用蜡染与复色渐变染色相结合的手法，对酒精染料进行稀释叠加多次染色，使得染色效果呈现清薄、透亮的状态。借鉴水面对自然光、环境色的反射特征，染色成品宛如低头看见一潭清澈见底的小水池，池底蔓生的水草与池面反照出雨过天晴并和透亮明朗的蓝天重叠在一起。

4. 自然动态

云层在大气中的运动变换也会形成很多美妙的场景，如图5-2-22所示，运用丙烯颜料在皮革材料表面厚涂，绘制出一幅风卷云涌的壮美画面，强劲的疾风引起气流旋涡，将自然界的力量展现得淋漓尽致。

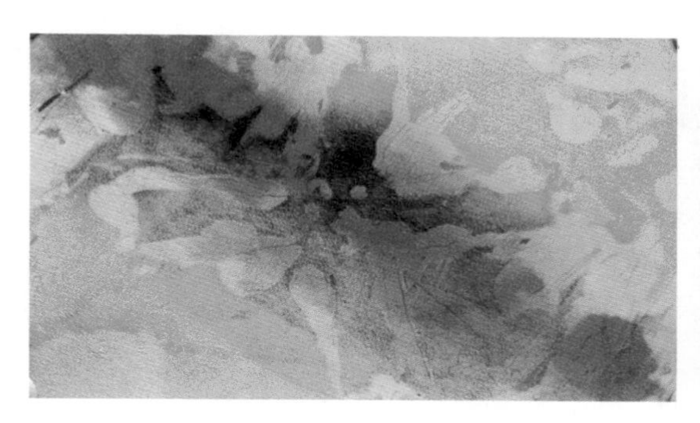

图5-2-21　复色蜡染法

图5-2-22　丙烯厚涂法

二、图像转化

设计同样可以通过二维化的图像进行灵感提取，例如收集感兴趣的图片、照片、影像等，而使用这一方法需要对图形基本构成法则有一定的了解，设计者应从图像的线条、色彩、构图、结构等元素进行分析，并充分运用个人审美对图像进行延展，再通过皮革材料媒介进行二次创作表达，加以自身的创意思维进行设计作业，从而获得独特的视觉效果。

（一）图腾纹样类

图腾纹样是一种富有神秘感和象征意义的设计元素，在特定时间、文化背景语境下，常用于追溯特定族群传统和表达群体身份认同，现在也常常被用作时尚设计元素，转移成更为当代化的创新应用。蜡染工艺自带民族艺术属性，因此与图腾纹样类印染题材极为契合，图5-2-23~图5-2-26均为蜡染工艺制作的手工皮革染色作品，运用蜡刀、笔刷工具绘制图案，结合酒精染料进行手工皮革染色创作。

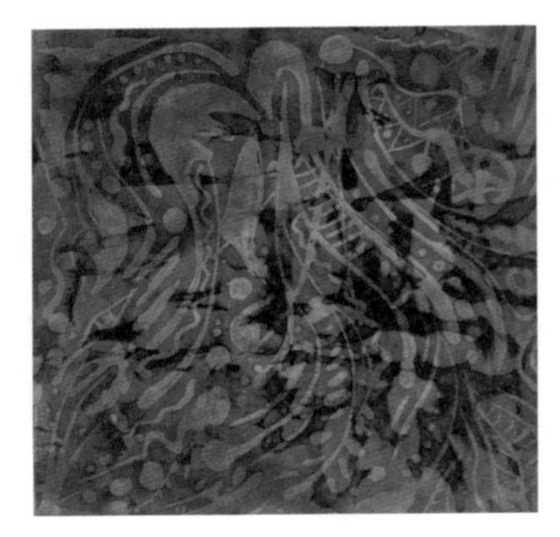

图5-2-23　凤鸟纹蜡染

如图5-2-23所示，使用蜡刀划出流畅的圆弧曲线，概括出抽象的凤鸟纹图案，尾羽飞扬舒展、造型简练灵动；圆点部分的封蜡使用小笔刷蘸取蜡液绘制在皮革材料表面，还可依靠点滴、甩动、飞溅的方法增添氛围，效果显得更为轻松、活泼。

如图5-2-24所示，使用蜡刀划出层层叠叠的海水江崖纹，规律排列之中也包含变化，青绿底色搭配传统古朴的纹样，仿佛一件馆藏珍品的青铜器，创作者后续还补充了金箔贴画，进一步加强了这种静谧庄重的氛围。

如图5-2-25所示，使用片数更多的蜡刀和笔刷结合绘制粗线条蜡痕，将几何形状、线条和符号进行组合和重复，可以构建出视觉上富有动态感和力量感的图案。这些抽象形状可以代表许多不同的意义，具有一定的启发性和个人解释的空间，加之红、橙、黑三色组成的色彩碰撞，极具粗犷原始的视觉冲击力。

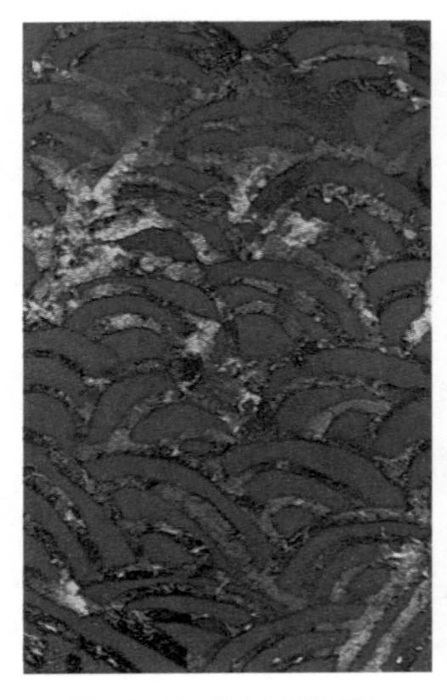

图5-2-24　海水江崖纹蜡染

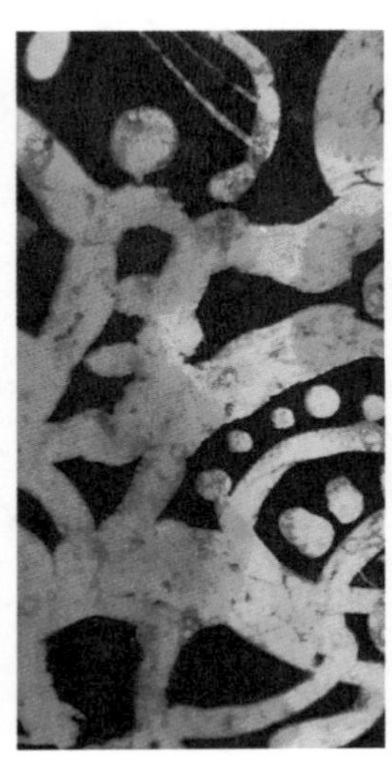

图5-2-25　抽象图腾蜡染

图5-2-26　仿木刻版画蜡染

如图5-2-26所示，中国民间传统文化也是汲取图腾纹样的重要题材来源，门神寄托了人们祈盼庇护前世、今生、来世的愿景，不同地区的版画也体现出当地特色的民风民俗，运用细蜡刀和蜡壶可以绘制细腻的木刻版画年画门神图案，封蜡部分保留皮革材料原色，再调配使用暗红色酒精染料上色，最后擦拭打磨去除浮色和蜡，形成类似拓印过的木刻版画效果。

（二）创意插画类

创意插画是一种把艺术创作以平面插画形式来表现的形式，它旨在用图像视觉元素来传达特定的概念、信息以及情感，以吸引人眼球，可被广泛应用于各种设计项目中，包括品牌标识、广告海报、杂志封面、书籍插图等。创意插画常以夸张、变形的巧妙手法呈现画面，运用丰富的色彩、极具张力的线条和构图手法组合元素，将图案题材表现得精彩纷呈。在皮革材料表面制作创意插画效果，最常用的是使用皮革染料与丙烯颜料，绘染结合、先染后绘。

热门IP角色是创意插画类皮革染色作品的重点创作题材，通常与知名游戏、电影或动漫相关，这些插画可以通过突出角色个性、场景设定或情节表达来吸引目光，常见的题材有超级英雄［如漫威（Marvel）或DC动画宇宙等］、动漫人物（如日本动漫作品《火影忍者》《龙珠》等）、游戏角色（如热门游戏《魔兽世界》《守望先锋》等）。如图5-2-27所示，将染色皮革边角料裁剪粘贴在绘制好的图像上，增加了蜘蛛侠角色的动态感和冲击力。一些小配件也会成为点睛之笔的细节，如图5-2-28所示，在薄涂丙烯颜料的基础上使用马克笔再次勾线，由于皮革材料的特性不似布料般能进行细而密的刺绣，因此此处选用透明树脂粘合珠绣的彩色小玻璃珠。多张作品组合成有故事情节的作品，如图5-2-29所示，将数张绘染结合的作品小样重新裁切、排版，天空下落的火焰雨、熊熊燃烧的大火、城市建筑被火海

图5-2-27　热门IP插画

图5-2-28　综合材料插画

图5-2-29　创意故事插画

淹没，伴随着尖叫和惊讶的表情，共同构成《焰色》系列。

三、艺术风格

手工皮革染色不仅是制作产品小样的实验过程，也是创作艺术品的过程，在学习、分析过程中会不可避免地接触到各种艺术风格。这些艺术风格能留存至今，本就说明其具有独特的文化基因与不可磨灭的时代特征，因此从已有的经典艺术风格中寻找可借鉴的素材并进行再次创作是一个很聪明的设计方法。

京剧脸谱因其鲜明的色彩、表达情绪与性格的面部图案设计以及精彩的细节处理成为中国文化经典符号之一。如图5-2-30所示，利用马赛克像素格的形式对传统京剧脸谱进行解构处理，将完整的图案打碎重组，并用丙烯颜料绘制在皮革材料表面。通过分解重构的方法对原始图案进行渐变处理，可以使司空见惯的一些传统纹样摆脱常规固有的程式化状态，给人以新鲜感。

油画艺术以其丰富多样的色彩层次表现、浓郁厚重的质感纹理而在绘画中占有重要的位置。如图5-2-31所示，使用丙烯颜料厚涂的方法模仿梵高《星月夜》效果在皮革材料表面进行绘制，运用明亮饱满的色彩，强调弧线饱满浓重的笔触感，通过模糊边界线形成柔和的过渡与渗透从而形成一种流动感，塑造了一种旋转流动的梦幻印象。

20世纪70年代末至80年代初，在摇滚音乐领域中兴起一股重要潮流——后朋克风潮（Post-Punk）。其对传统朋克音乐的延展和扩大，融入了更多另类、实验、艺术性以及晦涩的元素。后朋克既继承了朋克的原始精神和冲动，又注入了更多复杂的表现形式和思想。到了20世纪90年代，这股后朋克风潮也被应用在时装领域中，如图5-2-32所示，运用单色酒精染料做出类似红棕铁锈的染色效果，与金属链、齿轮等元素共同组合营造出复古回潮的氛围感，体现出一种反叛、抗争和对传统观念的怀疑态度。

图5-2-30　传统戏曲元素

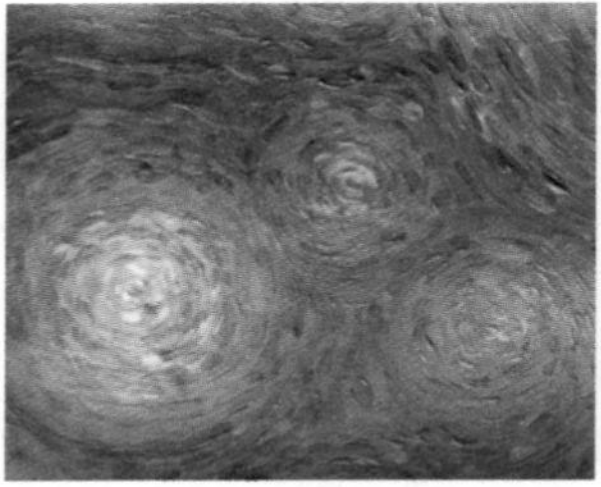

图5-2-31　西方艺术元素

图5-2-32　现代潮流元素

四、工艺实验

设计创作可以从工艺实验出发，在动手实践的过程中感受不同的工艺技法与皮革材料会碰撞出怎样的效果。工艺实验的创作过程本身就具有偶发性与随机性，可以说，每一次效果都是独一无二、不可复制的。偶然产生的效果既给人以惊喜和新鲜感，也会激发设计灵感。设计师进行多次实验，并将实验结果进行比对，记录工艺对皮料的影响，分析各种方法的特性，而后延展一些设计效果较好的实验结果，最后在工艺实验的方法和各种灵感图片中找到交汇点，转化为主题化和系列化的设计作品。

（一）编织类

编织工艺是一种使用线、线材或纤维等材料交叉穿插、交错排列的手工艺术形式，作为传统工艺历久弥新，在时装、包袋、家具饰品等现代产品中也得到了广泛应用。手工皮革染色工艺实验亦可结合编织工艺进行创作，可呈现出与众不同的肌理效果。

1. 平面编织

平面编织工艺多用于布料、毛毯等纤维材质，由于皮革材料质地紧密，需要预先设计编织效果，根据预设图案提前做出切口以便进行材料穿插、折叠。如图5-2-33所示，将染色后的皮革材料切割成粗细均匀的条状裁片，在整块黑色皮革材料上编织出呈中心发散的放射状圆形，如绽放在夜空中的烟花一般，彩色与黑色形成鲜明对比。

图5-2-33 平面编织

2.立体编织

皮革材料自身具备的厚度、韧性以及可塑性尤其适合制作立体编织效果，如图5-2-34所示，将染色后的皮革材料切割成粗细均匀的条状裁片，与包芯棉线交叉编织。包芯棉线质地结实挺括，可支撑皮革裁片维持饱满的弧形曲面。

图5-2-34　立体编织

（二）刺绣类

刺绣工艺是一种传统的手工艺技术，最早可以追溯到古代文明，其在不同的文化中都得到发展。通过在织物上使用针线进行装饰可以表现出各种图案，包括花卉、动物、人物、几何形状或其他自定义设计，综合运用不同的针法和线迹可在织物材料上实现各种效果，与皮革材料组合同样可以诞生新鲜有趣的装饰表现效果。

1.珠绣

珠绣是一种传统的手工刺绣技艺，结合珍珠与丝线，沿着绘制好的绣样用精确、细致的针脚将珠子固定在织物上。随着现代工业生产的发展，玻璃珠、塑料珠等新式材料以成本低廉、色彩鲜艳、样式丰富等优点逐渐取代昂贵的珍珠，被大量用于珠绣工艺。在制作珠绣的过程中，要考虑到珠子之间的疏密关系，珠子的运用应当服务于刺绣图案整体效果，不可为了强调工艺的堆叠而过度使用。如图5-2-35所

图5-2-35　珠绣

示，丙烯颜料与酒精染料相结合使用，先染后绘，此处可选用小号尖头刮刀将丙烯颜料厚涂部分刮出汇聚向中心的纹路，保留花瓣边缘不规则的肌理厚度使其显得更加生动，花蕊部分用金属圈按压拓印出圆形纹路并制作珠绣。值得注意的是，皮革材料无法像常规布料纺织品一样承受反复、细密的针刺，皮革纤维组织会因疏松而断裂，故在皮料上使用珠绣工艺的面积和密度不可太大。

2. 丝带绣

丝带绣的制作过程相对简单，相比于传统针线刺绣更容易快速制作出抢眼的视觉效果，成品兼具丝带的光泽和立体感，通过选择不同的丝带颜色和款式，可以呈现出丰富多彩的效果。如图5-2-36所示，进行丝带绣前需要在染色皮革材料上根据刺绣预设效果进行打孔，而后交叉编结做造型。值得注意的是，丝带的裁剪部位容易开线、抽丝，可在每段丝带的末端抹上一层胶水或用打火机烧灼定型。

图5-2-36　丝带绣

（三）折叠类

运用折叠的方法对皮革材料进行处理，也能更好地发挥皮革可塑性的材料特性，皮革润湿后变得柔软、易弯曲，干透后定型效果佳。折叠类工艺实验可分为先叠后染与先染后叠两类，下文将结合设计案例具体分析。

1. 先叠后染

大部分的扎染工艺都可以被归纳为先叠后染的方法，如图5-2-37所示，染料会渗透进入折叠过的皮革材料的空隙部分，随之留下折叠的肌理痕迹，这些不规则的随机纹理也正是扎染的魅力所在。

2.先染后叠

染色后的皮革材料进行裁剪切片，在皮革尚湿润、柔软的情况下进行弯折，塑形呈花朵状，间隔处加以玻璃珠固定，待皮革完全干透即彻底定型，表现出极强的立体效果（图5-2-38）。

图5-2-37　先叠后染

图5-2-38　先染后叠

（四）压印类

图5-2-39~图5-2-41均为压印类工艺实验成品，预先设计和选择花型后，通过敲击、捶打钢印花錾刻刀，在染色皮革表面压印出图案，操作过程需要校准图案落在皮革材料表面的位置。值得注意的是，尽可能一至二次完成敲打，多次重复敲打钢印会使压印图形边缘模糊，成品效果差。

图5-2-39　压印效果一

图5-2-40　压印效果二

图5-2-41　压印效果三

第三节 皮革创意手工染色的设计应用

手工染色皮革区别于市面上同质化严重的工业染色皮革，其具有多样的装饰效果，同时可以与多种工艺技法相结合，创造出独一无二的肌理质感以及视觉表现力。手工皮革创意染色所制的成品也因此具有更广泛的设计应用空间，可被转化成箱包、皮鞋以及其他配饰等具体的产品设计应用，具有较高的市场潜力。

一、箱包设计

箱包作为服装系列中独立存在的配件，既具有独立性，造型受到限制较小，变化更为自由灵活；又具有一定的体量感，给予可供设计师发挥的空间。手工皮革创意染色在转化为箱包设计时，需要注意把握轮廓外形、箱包体积感和软硬度，以及手工染色部分材料与整体箱包搭配的和谐与均衡。

（一）运动箱包

运动箱包适用于储存、携带运动装备的使用场景，因此更便于功能性的运用，要求：尺寸适中，能容纳运动所需的基本物品，如收纳毛巾、水瓶等；结实耐用，材料多用耐磨损的面料以及防水材质；内舱分隔多个储存区域，以便于干湿分离储存、大件衣物装备与小件用品分隔等。运动箱包设计中加入手工创意染色皮革可以在专业性、功能感的基础上增添艺术化的装饰表达，下文将以学生课堂作品为案例进行具体分析。

案例一：机械鸟元素运动包袋设计

如图5-3-1所示，运动箱包在设计前期调研部分根据作者自定“科技感”主题进行思维发散，确定在未来科技方向进行拓展延伸。灵感收集阶段，作者寻找了大量机械头盔、装甲外置骨骼元素的参考图片，为后续模块感的赛博朋克风格运动包袋设计奠定了基础。包袋产品以机械鸟为主题，将装甲元素的板块结构重组，让机械

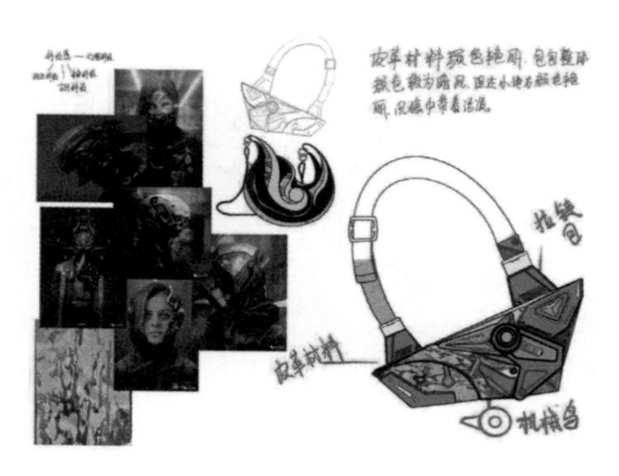

图5-3-1 机械鸟元素运动包袋设计

鸟的形象巧妙地融入箱包的外观设计中。箱包的整体颜色为深灰色，在底部使用色彩鲜艳缤纷的皮革蜡染材料作点缀，使沉闷的画面变得生动，给人以极为震撼的视觉冲击力，充满未来感。

案例二：未来元素运动包袋设计

图5-3-2~图5-3-4为未来元素运动包袋设计的效果展示，通过畅想未来生活的出行装备、穿戴装置的可能，从流线型的跑车轮廓中衍生出多款包袋造型，并选取其中一款进行优化设计。如图5-3-2所示，运用蜡染的技法制作染色小样，运用在包身两个主舱的衔接过渡处，为模仿金属质地的包袋带来跳跃鲜亮的色彩，在整体科幻机械感中增加了活泼的气氛。

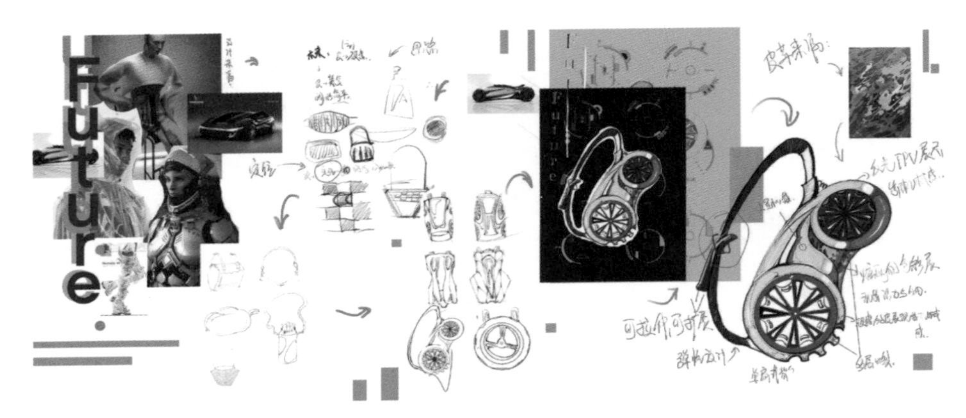

图5-3-2　未来元素运动包袋设计效果

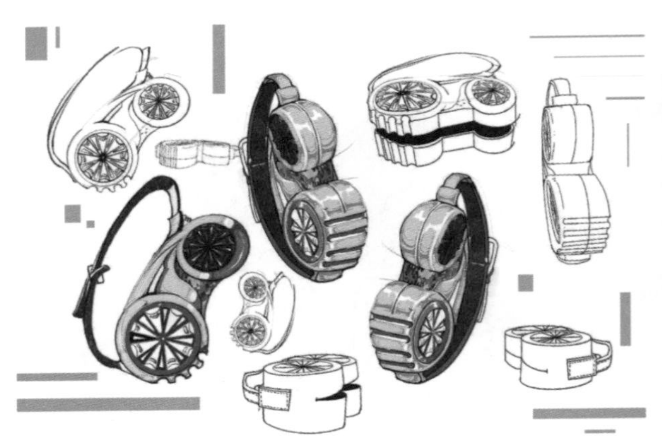

图5-3-3　未来元素运动包多角度展示图

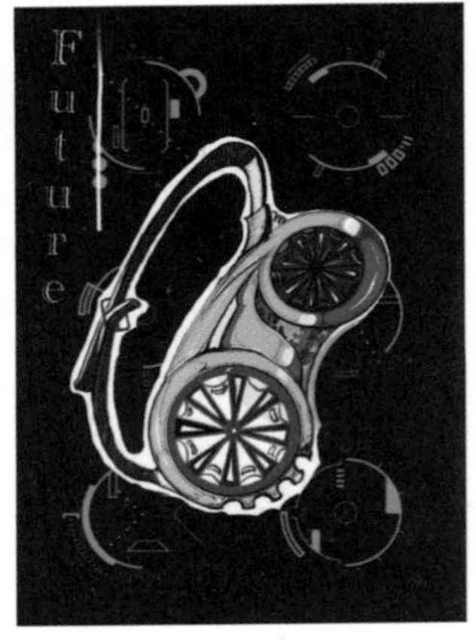

图5-3-4　未来元素运动包海报展示图

（二）时装箱包

案例一：多种形态创意蜡染元素时装包袋设计

如图5-3-5所示，选取手工皮革染色实验中效果较好的作品小样加以计算机辅助设计处理，将蜡染效果以贴图形式运用在包袋各部位进行尝试。廓型设计整体运用仿生设计的手法，通过对自然界生物（花朵、叶片、蛋壳）以及人工造物（马鞍、易拉罐、蛋糕）等的外观特征进行模仿，结合设计师个人理解创作出系列包袋产品设计。

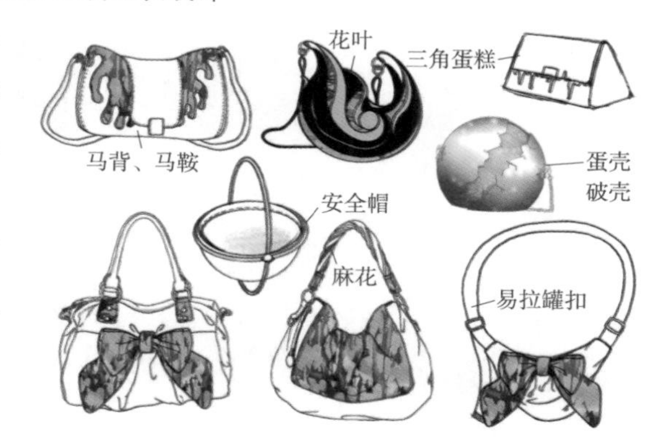

图5-3-5　多种形态创意蜡染元素时装包袋设计

案例二：熔岩、行星元素时装包袋设计

如图5-3-6所示，运用扎染与蜡染相结合的工艺技法制作手工皮革染色小样，在同一款包型上呈现出不同的染色效果。左图《熔岩》先用笔刷蘸取、点滴蜡液在皮革材料表面，保留部分原色，使用明黄色染料一次着色，再次封蜡揉搓制作裂痕纹路，使用黑色染料二次着色，最后擦拭表面浮色、清理多余的蜡。制成黄、黑色对比强烈的染色效果。

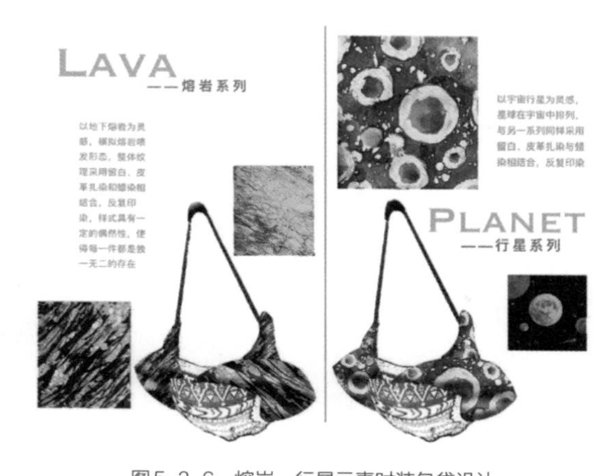

图5-3-6　熔岩、行星元素时装包袋设计

右图《行星》同样先保留一部分皮革材料原色，使用笔刷蘸取、飞溅的方式留下具有速度感的圆点，更贴合宇宙中星体旋转飞逝的运动感，运用高饱和色彩绘制星球也极为符合人们对与浩渺天河的畅想，具有极强的装饰性。

案例三：扑克牌元素时装包袋设计

图5-3-7~图5-3-9为扑克牌元素时装包袋系列，该系列将皮革与时装包袋以

及当代首饰相结合，主要设计元素有糊染技法所制作的创意染色皮革以及古典气息的扑克牌元素。创意皮革染色部分首先在调配好的CMC糊染粉上根据预设效果划动染料制作出流动的大理石纹，使皮面朝下贴合糊染基底，转印染料至皮革材料表面，擦拭多余的染料与CMC糊状凝胶，待皮料干透后使用丙烯颜料在表面沿着染色纹理边缘进行勾勒，使其轮廓形状更为清晰细致。

辅助以简约、概括的集合图形装饰，并使用镭射反光面料增加现代科技感。图5-3-8为耳部挂饰，设计师将外耳廓形状融合扑克牌展开的造型，使用解构手法排列组合成极具当代感的佩戴装置，选用糊染工艺制作的小样加以计算机辅助处理图像绘制首饰效果。如图5-3-9所示，扑克系列衍生项链增加沙漏的元素，以《爱丽丝梦游仙境》的故事为灵感，意指抽中一张卡牌，即卷入一段时光的漩涡，用扑克牌之间错乱交叠的排序方式表现时间混沌流逝之感。

图5-3-7　扑克牌元素时装包袋设计

图5-3-8　扑克牌元素耳部挂饰设计

图5-3-9　扑克牌元素衍生设计

二、皮鞋设计

（一）运动鞋

运动鞋是专为各种体育活动场景而设计和制造的鞋子品类，具有舒适性和耐用性，鞋面多使用耐磨、透气的材料，鞋底多使用缓震、防滑的材料，旨在为脚步运动时提供稳定的保护。专业运动鞋会根据运动项目所需进行更有针对性的功能设计，休闲运动以及多用途的运动鞋则具有更高的适配度，款式和颜色也呈现出更丰富多样的选择。

案例一：帮面运用手工染色皮革的运动鞋设计

如图5-3-10所示，在皮革材料染色之前运用笔刷点滴蜡液，运用蜡壶悬空至一定高度晃动出随意轻松的不规则曲线，保留皮革材料原色，而后使用酒精染料进行复色渐变染色，制成色彩饱和抢眼、纹路率性自然的染色效果。将大块手工染色皮革用于运动鞋帮面，有助于展现材料质感与装饰性。为保持鞋面的整体性和统一性，领口采用飞织材质，脚背处增加松紧带，而非使用常规的鞋带穿孔方式进行穿脱以及固定，鞋面纹路与鞋底印压凹槽质感在视觉呈现上相契合。

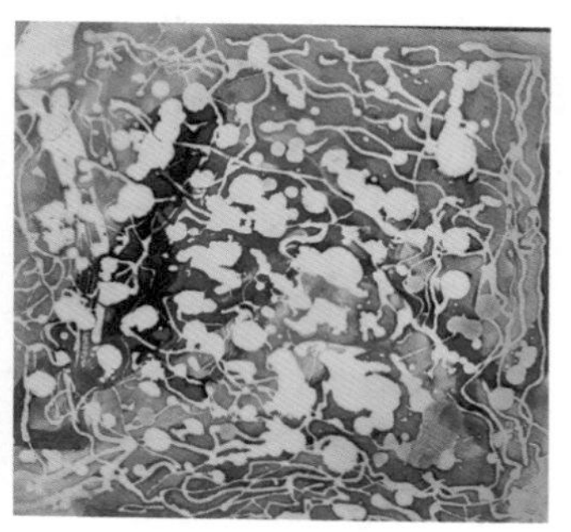

图5-3-10　帮面蜡染效果

案例二：绑带运用手工染色皮革的运动鞋设计

如图5-3-11所示，手工皮革染色部分运用蜡染、扎染结合工艺，具有极强的肌理感，色彩缤纷。运动鞋整体采用飞织工艺一体成型，具有更好的弹性和舒适度，易于穿脱。将染色皮革应用在绑带部分，在简洁大方的素白色飞织鞋面上更能凸显装饰效果。鲜艳的染色部分延伸至鞋底侧墙，使得鞋面、鞋底得以呼应与有关联性。

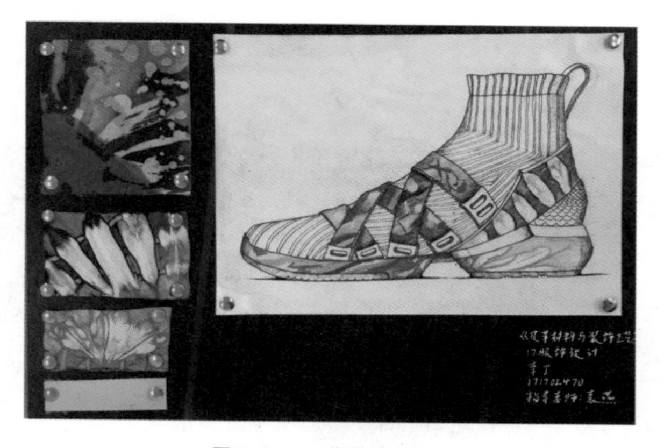

图5-3-11　绑带蜡染效果

案例三：鞋眼片运用手工染色皮革的运动鞋设计

如图5-3-12所示，运用先染后绘的方法，在染色皮革上使用丙烯颜料绘制，以热门IP角色蜘蛛侠为灵感来源，制作系列故事情景关联的染色实验小样，最终选取最有代表性的三角形眼部形状转化为鞋眼片部位与鞋带进行穿插，既起到装饰作用，又兼具实用功能。鞋面整体简洁概括，重点突出鞋眼片部位，将常规理解中的运动鞋设计配件转化为视觉中心，不失为巧妙的设计方法。

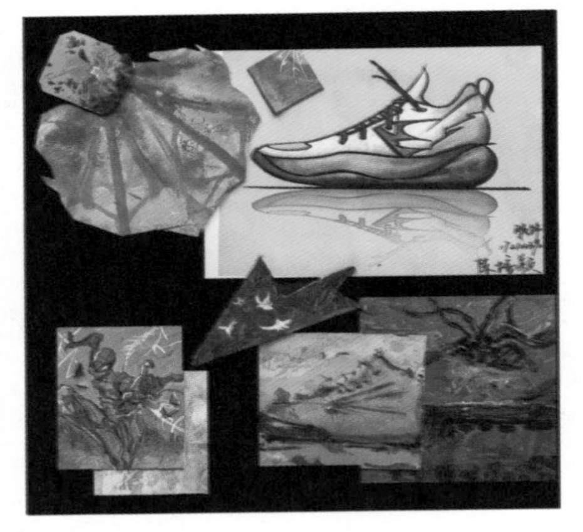

图5-3-12　鞋眼片染色效果

（二）时装鞋

时装鞋是一种具有独特设计和高品质制作的鞋类产品，旨在展示时尚潮流和个人风格。这种鞋子通常与时装和秀场走秀相结合，成为整体造型中引人注目的组成部分。在设计时突出创新、独特和大胆的元素，以吸引消费者的眼球。它们可能采用非传统的材料、图案或色彩，并融入最新的时尚趋势。

如图5-3-13、图5-3-14所示，两位设计师均将糊染工艺运用于时装鞋设计中，糊染制作的手工染色皮革因其独特的肌理更具液态流动性的特征，可以较好地制作出仿大理石纹、水面波动的纹理等，在视觉表现上更有模糊性和迷幻感，这种不规则的图案极适用于浪漫化的设计表达。皮革材料本身的质感就富有装饰性，因此进行款式设计时可适当简化鞋款的复杂程度，选用简约的高跟凉鞋款式大面积运用手工染色皮革材料，更能凸显植鞣革本身的高贵、典雅气质。

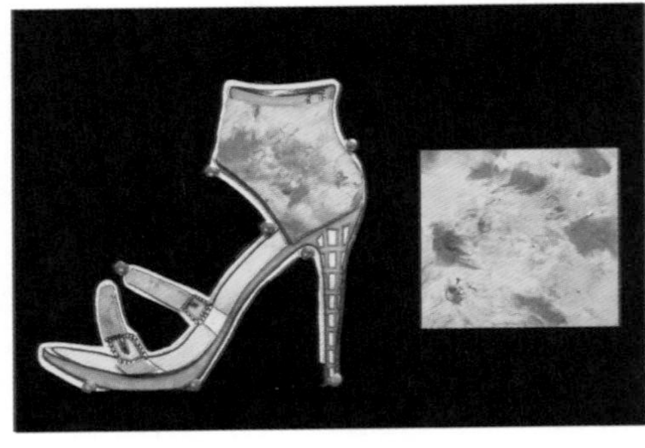

图5-3-13　糊染时装鞋设计一

图5-3-14　糊染时装鞋设计二

（三）休闲鞋

休闲皮鞋是一种适合日常休闲活动穿着的鞋款，特点是舒适和时尚，鞋底采用耐磨的橡胶鞋底，可提供良好的抓地力和舒适感。一些品牌还会在鞋底上加入凹凸不平的花纹或图案，以增加鞋子的时尚感；鞋面则多用高质量的皮革制作，常见的颜色包括黑色、棕色、灰色以及驼色等，可搭配各种服装以满足不同场合的需求。

图5-3-15～图5-3-18为蜡染制成鞋面的休闲皮鞋系列，鞋面在初次染色后运用笔刷点滴蜡液、蜡刀绘制蜡痕，在大片封蜡区域通过揉搓、划刻的方法制作裂纹，而后进行二次染色。鞋底选用素白色轻质橡胶底，鞋款简约大方，凸显鞋面手工染色质感。

图5-3-15　蜡染休闲皮鞋一

图5-3-16　鞋头细节图一

图5-3-17　蜡染休闲皮鞋二

图5-3-18　鞋头细节图二

（四）居家拖鞋

居家拖鞋是一种舒适、轻便的室内鞋类，通常由柔软的材料制成，款式设计简约而实用，通常采用开放式的后跟设计以方便穿脱，鞋底多数采用防滑设计。鞋面设计的颜色、印花选择多样，以迎合不同消费者的喜好，部分品牌还会添加可爱的细节，如卡通形象、刺绣或装饰品等，让拖鞋在家中的穿着变得更加有趣。

图5-3-19～图5-3-22为两例手工染色皮革在居家拖鞋的设计应用，大面积的鞋面适合展示皮革材料染色效果以及质感，植鞣革具有较好的弹性、亲肤性与舒适性，与居家拖鞋的使用场景及设计需求极为适配。

图5-3-19　手工染色居家拖鞋一

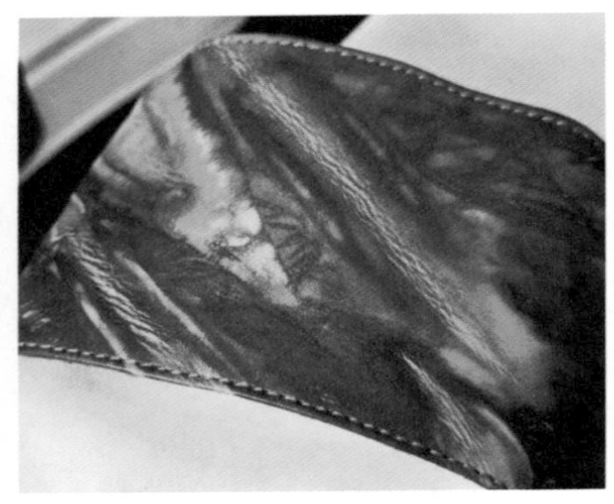

图5-3-20　鞋面细节图一

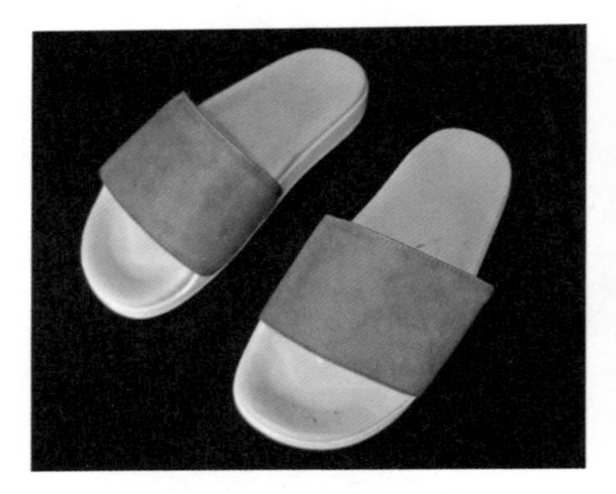

图5-3-21　手工染色居家拖鞋二

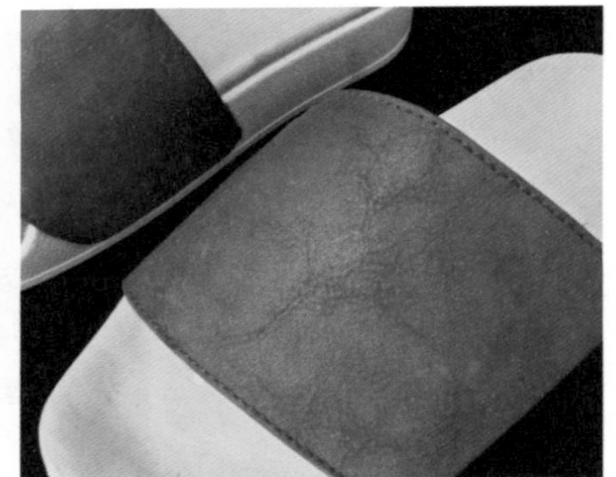

图5-3-22　鞋面细节图二

三、其他配饰设计

手工染色皮革除了上述设计应用范畴，还可被用于其他配饰设计，且均有不错的表现效果，如腰带（腰封）、挂饰等。图5-3-23～图5-3-29均为蜡染工艺转化为腰带（腰封）的设计应用，腰带具有强调腰部线条、突出身体曲线、改善身材比例的作用，为整体服装增添时尚元素，成为造型搭配的点睛之笔。

图5-3-23　蜡染腰带展示一

图5-3-24　蜡染腰带展示二

图5-3-25　蜡染腰封展示一

图5-3-26　蜡染腰封展示二

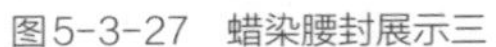

图5-3-27　蜡染腰封展示三　　图5-3-28　蜡染腰封展示四　　图5-5-29　蜡染腰封展示五

如图5-3-30所示，除了单独佩戴腰带以外，也可以加入小挂饰包进行组合搭配，为简洁的基础款套装增添层次感和装饰细节。同时，也起到调节衣物松紧和体积的作用，重新定义并凸显腰部线条，展现个人审美品味之余也可让整体形象更加精神、利落。

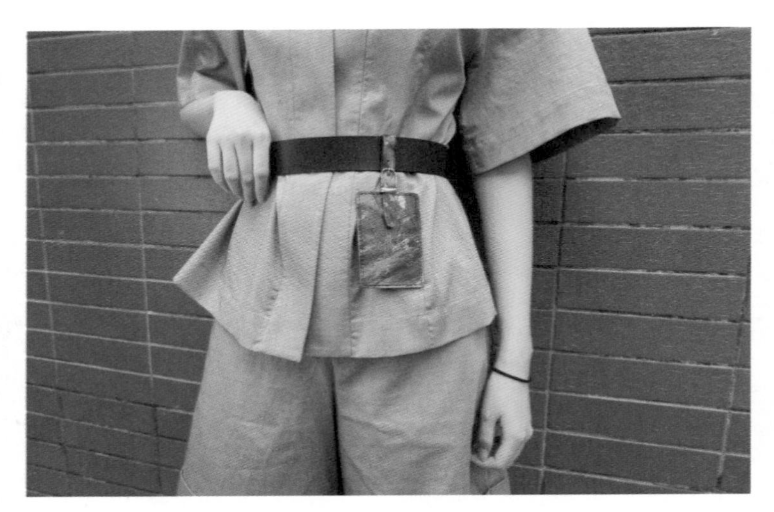

图5-3-30　蜡染挂饰包展示

图5-3-31为蜡染与服装的结合，将整条蜡染皮革作为门襟应用在服装设计中，领口部位的钉扣与流苏挂饰配合服装立领设计，更具中式韵味。图5-3-32则为当代新潮的配饰挂坠，在皮革染色基础上增加塑形工艺，压印出圆弧形空间以嵌入仿动物眼球的玻璃珠，整体呈现出小众先锋的装饰效果。

图5-3-31　蜡染门襟展示

图5-3-32　蜡染挂坠展示

参考文献

[1] 布鲁顿. 创意手工染 [M]. 陈英，张丽平，译. 北京：中国纺织出版社，2008.
[2] 鲍小龙，刘月蕊. 手工印染艺术 [M]. 上海：东华大学出版社，2009.
[3] 汪芳，邵甲信，路丛丛，等. 手工印染艺术教程 [M]. 2版. 上海：东华大学出版社，2012.
[4] 魏世林. 制革工艺学 [M]. 北京：中国轻工业出版社，2013.
[5] 原研哉. 设计中的设计 [M]. 朱锷，译. 济南：山东人民出版社，2014.
[6] 刘宗悦. 工艺之道 [M]. 徐艺一，译. 桂林：广西师范大学出版社，2011.
[7] 杭间. 设计道：中国设计的基本问题 [M]. 重庆：重庆大学出版社，2009.
[8] 樱花编辑事务所. 京都手艺人 [M]. 刘昊星，译. 长沙：湖南美术出版社，2015.
[9] 杭间. 手艺的思想 [M]. 济南：山东画报出版社，2017.
[10] 赤木明登. 造物有灵且美 [M]. 蕾克，译. 长沙：湖南美术出版社，2015.
[11] 徐艺一. 手工艺的文化与历史——与传统手工艺相关的思考与演讲及其他 [M]. 上海：上海文化出版社，2016.
[12] 姜沃飞. 包袋制作工艺 [M]. 广州：华南理工大学出版社，2009.
[13] 高桥创新出版工房. 手作皮艺基础 [M]. 张雨晗，译. 北京：北京科学技术出版社，2015.
[14] 洪正基. 韩式皮具制作教程：皮革实战全程指导 [M]. 边铀铀，译. 郑州：河南科学技术出版社，2014.
[15] 刘科江. 植鞣革龟裂纹环保蜡染工艺 [J]. 中国皮革，2016.
[16] 伊丽莎白·奥尔弗；首饰设计 [M]. 刘超，甘治欣，译. 北京：中国纺织出版社，2004.
[17] 杨颐. 服装创意面料设计 [M]. 2版. 上海：东华大学出版社，2015.
[18] 凯特·布鲁顿. 创意手工染 [M]. 陈英，张丽平，译. 北京：中国纺织出版社，2008.

[19] STUDIO TAC CREATIVE编辑部. 皮艺技法全书[M]. 刘好殊，译. 郑州：中原农民出版社，2017.
[20] 贾京生. 中国现代民间手工蜡染工艺文化研究[M]. 北京：清华大学出版社，2013.
[21] 刘晓刚，王俊，顾雯. 流程·决策·应变——服装设计方法论[M]. 北京：中国纺织出版社，2009.
[22] 刘国峰. 时装设计元素：配饰设计[M]. 毛琦，译. 北京：中国纺织出版社，2017.
[23] 李雪梅. 箱包创意设计与教学实践[M]. 重庆：西南大学出版社，2023.
[24] 李春晓. 包袋设计[M]. 上海：上海人民美术出版社，2013.
[25] 崔勇，杜静芬. 艺术设计创意思维[M]. 北京：清华大学出版社，2013.
[26] 罗丹，葛赛尔. 罗丹艺术论[M]. 傅雷，译. 北京：中国社会科学出版社，1999.

后记

作为一名设计者和教授设计的教师，“创意”是尤为要注重的，在教学和创作的过程中发现，对材料的认识和对材料本身创造性的设计是一切设计的基础。近十年来从事时尚皮革制品设计和教学工作，在这期间发现诸多对于皮革材料的问题，本人不断摸索和尝试，故以容易上手操作的天然皮革创意手工染色作为起点，与大家一起探讨材料的创意与设计。

初做时是因为喜爱，后面在学习和教学过程中遇到诸多问题，遇到问题索性就带着问题不断地查阅资料，但因这方面的资料甚少，更多时候只能不断地实验去解决问题，得到解答后又有新的问题出现，如此反复，这是一个既痛苦又喜悦的过程。

从起稿到完成，整个进展十分缓慢，一方面是前期的实验不断反复，另一方面是书稿的章节节奏一直在调整，中间还因其他事停笔一年多，时光蹉跎，心中却时时念及并思考这本书如何更贴近读者、更有价值。时至今年终于一鼓作气将书成稿，在此感谢支持和帮助我完成此书的所有人。首先是中国纺织出版社的编辑们，每每延期她们都十分有耐心地鼓励我一直到书稿完成。感谢最初协助我完成材料实验和撰写的杨迎熺和徐兴文同学，杨迎熺更是协助我完成整本书的撰写工作，同时也感谢我的研究生林俊杰和何立炜完成最后的书稿整理工作。还要感谢我的学生们，尤其是福州大学厦门工艺美术学院服装与服饰专业17、19和20级服饰班，书稿中的多数案例都是这些学生的优秀作品，在此就不一一罗列，由于图片数量很多，没有一一标注，在此一并感谢。最后感谢我的家人，正是有你们的支持，我才能有时间完成这本书。

书稿的撰写工作是对自己专业工作的总结，这也让我发现自己的诸多不足，希望今后自己能更加努力地不断学习、成长。

袁燕

2023年7月